TRAITÉ

DU NIVELLEMENT.

IMPRIMERIE DE Mme Ve BOUCHARD-HUZARD, RUE DE L'ÉPERON, 7.

TRAITÉ

DU

NIVELLEMENT

COMPRENANT

LA THÉORIE ET LA PRATIQUE DU NIVELLEMENT ORDINAIRE

ET DES NIVELLEMENTS EXPÉDITIFS

dits préparatoires ou de reconnaissance

PAR P. BRETON (DE CHAMP)

INGÉNIEUR AU CORPS ROYAL DES PONTS ET CHAUSSÉES
ANCIEN ÉLÈVE DE L'ÉCOLE POLYTECHNIQUE.

PARIS

Librairie scientifique-industrielle

DE L. MATHIAS (AUGUSTIN)

QUAI MALAQUAIS, 15.

1848

AVERTISSEMENT.

—

Ce traité est divisé en cinq livres. Le premier contient
la théorie du nivellement, et forme comme une introduction à la pratique de cet art.

Le second livre est consacré à la description des instruments. On y trouvera les procédés pratiques pour la vérification et la rectification des divers niveaux actuellement
en usage. Ces procédés, qu'on ne saurait trop étudier, sont
indispensables pour opérer avec succès sur le terrain. Afin
de les rendre plus faciles à saisir, j'en ai réduit l'exposition
à des énoncés clairs et précis, sans développements mathématiques inutiles ; on aura d'ailleurs peu de peine à retrouver les démonstrations que j'ai supprimées, car il ne
s'agit que d'appliquer à propos le principe du retournement.

Quoique les niveaux inventés du temps de PICARD soient
aujourd'hui tout à fait abandonnés, j'ai cru cependant devoir en parler succinctement. Ces indications, indépendamment de l'intérêt historique, auront peut-être l'avantage d'éviter, aux personnes qui s'occupent de perfectionner
les niveaux, des tentatives déjà faites sans succès.

La pratique proprement dite forme l'objet du troisième
livre. Il renferme le détail des précautions minutieuses et
cependant indispensables auxquelles il faut recourir pour
bien niveler. J'expose, d'après l'*Essai* du lieutenant-colonel
du génie A. CLERC (*), la méthode pour déterminer, sur le
terrain, le tracé des courbes horizontales.

(*) *Essai sur l'enseignement des éléments de la pratique des levers
et du nivellement topographiques.* Metz et Paris, 3 vol. in-8, 1839,
1840 et 1843.

Sous le titre d'applications, le quatrième livre fait connaître sommairement les principaux usages du nivellement. Cette exposition abrégée est destinée à mettre le lecteur en état de saisir le but de chaque opération et de satisfaire le mieux possible aux conditions que le nivellement doit remplir. Pour choisir convenablement, par exemple, l'emplacement et les divers points des profils en travers d'une route, il faut qu'il ait présentes à l'esprit les formules qui servent à la cubature des terrassements, etc.

Le cinquième et dernier livre renferme les nivellements dits *expéditifs*, c'est-à-dire l'usage des *clisimètres* ou niveaux de pente, et les nivellements trigonométrique et barométrique, dont les résultats, sans avoir la précision de ceux que donne le nivellement ordinaire, sont cependant d'une grande utilité dans beaucoup de circonstances.

A la suite de ce traité, j'ai placé quelques notes sur divers points de la théorie et de l'histoire, trop peu connue, du nivellement. L'une de ces notes contient des indications détaillées sur l'usage de la mire *parlante*, qui permet de niveler avec une grande rapidité, et sur les formes que M. Bourdaloue lui a données, dans les grandes opérations qu'il a exécutées avec cet instrument.

N. B. Les renvois au traité du nivellement de Picard se rapportent à l'édition donnée en 1728 par de la Hire. Les divers mémoires cités de M. le chef de bataillon du génie Leblanc sont insérés dans le *Mémorial de l'officier du génie*, n° 14, 1844.

TABLE DES MATIÈRES.

V. *Du niveau à bulle et à lunette.*

VI. *Du niveau réflecteur.*

VII. *De la mire.*

LIVRE TROISIÈME. — LA PRATIQUE.

I. *Détail de l'opération élémentaire du nivellement.*

II. *De quelques particularités relatives aux niveaux.*

III. *Conduite des opérations de nivellement.*

LIVRE QUATRIÈME. — LES APPLICATIONS,

ou principaux usages du nivellement.

LIVRE CINQUIÈME. — LES NIVELLEMENTS EXPÉDITIFS.

I. Description et usage des clisimètres.

II. Nivellement trigonométrique.

III. Nivellement barométrique.

Nota. Les nombres mis en marge indiquent les numéros auxquels on devra se reporter pour l'intelligence du texte.

Dans les planches, les fractions mises entre parenthèses à la suite du numéro de quelques figures en indiquent l'échelle particulière. Les nombres en chiffres penchés ou italiques des figures 62 et 63 représentent les cotes rouges ou projetées, tandis que ceux en chiffres droits sont les cotes noires, appartenant au terrain.

TRAITÉ
DU NIVELLEMENT.

LIVRE PREMIER.

LES PRINCIPES.

Objet du nivellement. — Plans généraux de comparaison.

1. L'art du NIVELLEMENT a pour objet de comparer entre elles les hauteurs de deux ou d'un plus grand nombre de points, c'est-à-dire de mesurer de combien les uns sont plus ou moins élevés que les autres.

2. Pour déterminer la différence de hauteur de deux points a, b, nous concevons que par chacun l'on ait mené un plan horizontal. La longueur $aa' = bb'$, que les deux plans ab', ba' interceptent sur la verticale, est la différence demandée.

Fig. 1.

Plus généralement on imagine, au-dessus ou au-dessous des points que l'on considère, un plan horizontal dit *de comparaison*, sur lequel on abaisse de ces points des perpendiculaires, et leurs longueurs respectives, qu'on appelle les *cotes* (*) *de hauteur*, font

(*) De *quot*, mot latin qui veut dire *combien*, et qu'on retrouve dans *quotité*, *quote-part*.

connaître, par de simples soustractions, de combien tel point est plus haut ou plus bas que tel autre.

Fig. 2.   3. Soient, par exemple, les points a, b, c, et un plan horizontal MN, au-dessus de ces points. Ayant mené les perpendiculaires aA, bB, cC, je suppose que l'on ait trouvé aA $= 5^m.94$, bB $= 2^m.35$, cC $= 7^m.28$. On en conclura que le point b, dont la cote est moindre que chacune des deux autres, est plus élevé que a et c; qu'il est élevé au-dessus de a de $5^m.94 - 2^m.35 = 3^m.59$ et au-dessus de c de $7^m.28 - 2^m.35 = 4^m.93$. Pareillement a est plus élevé que c de $7^m.28 - 5^m.94 = 1^m.34$.

Si les mêmes points étaient rapportés à un plan inférieur M′ N′, on abaisserait semblablement les perpendiculaires aA′, bB′, cC′ sur ce plan, et l'on trouverait des différences numériques précisément égales aux précédentes, parce que les plans MN, M′N′ étant parallèles entre eux, on a AA′$=$BB′$=$CC′, c'est-à-dire pour a et b en particulier, A$a +a$A′ $=$ B$b + b$B′. Retranchant des deux membres de cette égalité aA′ $+$ Bb, il vient A$a -$ B$b = b$B′ $- a$A′. On verrait de même que C$c - Aa = a$A′ $- c$C′, et ainsi des autres.

On remarquera que, dans le premier système, les points sont d'autant plus élevés que leurs cotes sont moindres, tandis que dans le second c'est l'inverse qui arrive.

Fig. 3.   Si de deux points a, b, l'un était au-dessus et le second au-dessous du plan MN de comparaison, il est clair que pour obtenir leur différence de hauteur il faudrait ajouter leurs cotes.

4. Il résulte de ce qui précède que, connaissant les cotes de hauteur de plusieurs points relativement à un plan horizontal, on pourra trouver les cotes des mêmes points relativement à tout autre plan horizontal donné de position par rapport au premier.

On voudrait, par exemple, faire ce calcul par le plan $M'N'$ situé à 10 mètres au-dessous de MN; les nouvelles cotes aA', bB', cC' seraient $10 - Aa$, $10 - Bb$, $10 - Cc$, ou $4^m.06$, $7^m.65$, $2^m.72$.

Fig. 2.

Pour un plan qui laisserait tous les points d'un même côté que MN, ce calcul se réduirait à augmenter ou diminuer chaque cote d'une même quantité.

5. Autant que possible, on choisit le plan de comparaison de manière que les points dont on s'occupe soient du même côté, parce que, si des points étaient au-dessous et d'autres au-dessus, on éprouverait l'embarras d'avoir deux catégories de cotes. Elles pourraient, à la vérité, se distinguer entre elles par quelque signe particulier qu'on adopterait dans ce but. Généralement on accompagne du signe —, qui est celui de la soustraction, les cotes des points qui se trouvent exceptionnellement du côté du plan de comparaison où il n'est pas ordinaire qu'il y en ait, et les cotes affectées de ce signe sont dites *négatives*, dénomination empruntée à l'algèbre et appliquée ici parce que les cotes de cette espèce, dans les opérations arithmétiques où elles entrent, se comportent

relativement aux cotes ordinaires ou *positives*, d'une manière exactement inverse ; c'est ainsi que, pour avoir la différence de hauteur entre deux points cotés positivement, il faut faire une *soustraction*, tandis que, si l'une des cotes est négative, on fait une *addition*, comme on l'a observé au n° 3.

6. Les principes qui viennent d'être expliqués supposent que les verticales sont des droites parallèles entre elles. Cette hypothèse, qui approche de la vérité quand il ne s'agit que de points éloignés les uns des autres tout au plus de quelques dizaines de mètres, est inexacte et le devient d'autant plus que les points dont on veut comparer les hauteurs sont séparés par de plus grandes distances dans le sens horizontal. Ces principes paraîtraient donc n'être point susceptibles d'applications autres que celles qu'on ferait dans un espace très-borné, comme sur une table dressée bien horizontalement ou dans un appartement dont le plancher et le plafond fourniraient des plans de comparaison ; mais on va voir * 13. bientôt * qu'en attachant un sens particulier à quelques termes dont je me suis servi, ces mêmes principes deviennent applicables dans l'acception la plus large.

Lignes et surfaces de niveau.

7. Quand deux points sont à la même hauteur ou *de niveau* entre eux, comme on dit, ce n'est pas qu'ils se trouvent sur le même plan horizontal, mais

on entend par là que l'on peut aller de l'un à l'autre *sans descendre ni monter*.

Une ligne sur laquelle on peut cheminer sans descendre ni monter est dite *de niveau;* de même on appelle *surface de niveau* celle qu'on peut parcourir ainsi dans tous les sens.

De telles lignes ou surfaces sont définies par la seule condition de rencontrer à angle droit toutes les verticales, ou d'être perpendiculaires, en tous leurs points, à la direction du *fil à plomb*.

8. L'idée la plus claire des surfaces de niveau nous est donnée par l'état de repos d'un liquide libre à sa partie supérieure. Un étang, un lac, quand ils sont parfaitement tranquilles, nous offrent de véritables surfaces de niveau : il en serait de même de l'Océan, si l'action des causes perturbatrices qui produisent le flux et le reflux et entretiennent cette masse fluide dans un état continuel d'agitation, venant à être suspendue, elle pouvait arriver à un équilibre complet.

Ce dernier exemple, joint à la notion que nous avons de la forme générale du globe terrestre, montre qu'une surface de niveau, considérée dans son ensemble, rentre sur elle-même et forme une enveloppe fermée de toutes parts comme une surface sphérique. Par conséquent, si toutes les verticales que l'on peut concevoir étaient transportées parallèlement à elles-mêmes en un point, au lieu de se confondre en une seule, comme cela aurait lieu si elles étaient parallèles, elles divergeraient, au contraire, vers toutes les régions de l'espace : la mesure de cette divergence est d'environ une seconde de degré pour deux verticales distantes de 31 mètres.

9. On ne connaît pas en détail la figure des surfaces de niveau ; toutefois ce que nous en voyons nous annonce une grande régularité de courbure : aussi les a-t-on regardées longtemps comme sphériques ; mais on sait aujourd'hui que la sphère qui se rapprocherait le plus de la surface de niveau océanique s'en écarterait cependant de plusieurs lieues dans quelques parties. Les géomètres ont reconnu que les différences sont bien moins sensibles relativement à un ellipsoïde un peu aplati, engendré par la révolution d'une ellipse autour de son petit axe, pris pour ligne polaire : ce n'est pas autre chose qu'une sphère qu'on aurait aplatie en diminuant d'environ $\frac{1}{300}$ de leur longueur toutes les cordes parallèles à un même diamètre. Les dimensions de cet ellipsoïde, déduites des mesures dues à divers savants, sont les suivantes :

Diamètre équatorial ou grand axe. . . 12754863^{m}
Diamètre polaire ou petit axe. 12712251

De telles déterminations sont inévitablement sujettes à quelque incertitude : on regarde comme extrêmement probable que celles-ci ne comportent pas plus de $\frac{1}{1600}$ d'erreur (environ 8,000 mètres).

10. Dans l'hypothèse de surfaces de niveau ayant rigoureusement la forme d'un ellipsoïde, la section

qu'on y ferait par un plan vertical ou normal serait généralement une ellipse, mais si peu différente de figure circulaire, qu'on pourrait toujours trouver un cercle qui la toucherait et se confondrait en quelque sorte avec elle, dans une étendue considérable. A 1 myriamètre de distance du point de contact, ce cercle osculateur et l'ellipse ne s'écarteraient pas de $\frac{1}{23}$ de millimètre (*).

On en conclut que les sections verticales des vraies surfaces de niveau ont pareillement une courbure qui reste sensiblement la même dans une assez grande étendue : c'est faire une large part aux irrégularités qui nous sont inconnues que de réduire à 1000 mètres, au lieu de 20000, l'espace où le cercle osculateur et la section verticale se confondent ; or cela est suffisant pour assurer le succès des opérations de nivellement, ainsi qu'on le verra plus loin*.

* 175.

11. Évidemment, par un point donné N, on peut toujours faire passer une surface de niveau ; mais on n'en peut faire passer qu'une, car autrement, si la verticale du point A, pris sur une surface de niveau passant par le point N, rencontrait en B une autre surface passant aussi par le point N, il faudrait nécessairement descendre ou monter pour aller de A en B. Mais, si l'on allait d'abord de A jusqu'à N sur la première surface, et ensuite de N jusqu'à B sur la seconde, on aurait fait le même trajet AB sans descendre ni monter, conclusion absurde. Donc il est

Fig. 4.

(*) Voir la note I à la fin du volume.

impossible que deux surfaces de niveau qui ont un point de commun ne coïncident pas dans toute leur étendue.

12. Les surfaces de niveau que l'on peut concevoir à toute hauteur sont à peu près parallèles; leur écartement est un peu plus fort à l'équateur qu'au pôle : toutefois la différence, ne s'élevant qu'à $\frac{1}{194}$, est négligeable dans les plus grandes opérations de nivellement.

Il semble, à la vérité, que deux surfaces qui ont les mêmes normales sont rigoureusement parallèles, et que, par conséquent, il en devrait être ainsi de deux surfaces de niveau, perpendiculaires à toutes les verticales qu'elles rencontrent ; mais cette contradiction n'est qu'apparente. Nous avons supposé implicitement qu'un fil à plomb indique, dans tous ses points, la direction de la verticale ; or cela n'est pas absolument vrai, car un fil de 4700 mètres de longueur et un fil de 1 mètre, suspendus au même point, accuseraient une déviation d'environ une seconde de degré, si l'expérience était faite en France.

Surfaces de niveau prises pour plans de comparaison.

13. Dans ce qui va suivre, nous regarderons les surfaces de niveau comme rigoureusement parallèles, et, partant, elles jouiront des mêmes propriétés que les plans horizontaux pour le nivellement ; ainsi, quand il s'agira de mesurer de combien différents points sont plus ou moins élevés les uns que les au-

tres, nous les rapporterons, par la pensée, à une surface de niveau *de comparaison*. Les principes exposés aux n°s 2, 3, 4 et 5 s'appliqueront aux cotes verticales déterminées par cette surface, à laquelle je conserverai d'ailleurs, conformément à l'usage, le nom de *plan général de comparaison*, de sorte qu'il n'y aura rien à changer dans les numéros cités, si ce n'est la signification de quelques mots.

14. Il est rare qu'on ait à sa disposition une surface de niveau ; cela n'arrive guère que dans les travaux hydrographiques où l'on se propose de reconnaître la profondeur de divers points d'un bassin, tel que A c B, au-dessous de la surface de l'eau : on fait Fig. 5. usage alors de la *sonde marine*, sorte de fil à plomb qui, descendu jusqu'au fond de l'eau, fait connaître les distances c C, d D des points c, d que l'on considère, à la surface de niveau supérieure.

Les géographes prennent pour point de départ le niveau de la surface océanique, supposée en repos et prolongée sous les parties saillantes des continents. Leurs cotes, telles que aA, bB, rapportées à cette Fig. 6. surface, ont reçu le nom d'*altitudes*. Ces expressions, *l'hospice du Grand-Saint-Bernard est à 2491 mètres au-dessus du niveau de la mer, Paris (premier étage de l'Observatoire) à 65, Rome à 46*, etc., signifient qu'on obtiendrait ces nombres si l'on faisait descendre de chacun des points désignés un fil à plomb jusqu'à la nappe d'eau idéale dont il s'agit.

Les ingénieurs - constructeurs n'ont point adopté

ce système, qui aurait cependant l'avantage de rendre comparables entre eux tous les nivellements qu'ils font (*). Dans chaque travail particulier, ils choisissent arbitrairement, pour fixer les hauteurs relatives des points dont ils s'occupent, une surface de niveau supérieure qui serait comme celle de l'Océan, s'il s'élevait à la hauteur convenable. Les cotes dont ils se servent sont identiques avec celles qu'on obtiendrait, soit en jetant la sonde dans cet océan fictif, soit en envoyant de chaque point, à sa surface, un flotteur attaché à une corde dont la longueur filée serait précisément la cote de ce point.

15. A peine est-il besoin de dire que je n'envisage ici que le résultat final du nivellement, et non les procédés que cet art met en usage pour y parvenir; je vais maintenant faire voir comment, par le moyen des propriétés connues des surfaces de niveau et avec le secours de quelques instruments portatifs et peu embarrassants, les opérations dites *de nivellement* nous permettent de saisir et d'exprimer par des nombres la relation qui existe entre un système donné de points et une surface de niveau quelconque, quoique celle-ci soit le plus souvent hors de notre portée et n'ait rien qui la rende visible ou tangible.

Opération élémentaire du nivellement.

16. Les instruments qui servent à niveler sont le ni-

___

(*) Il y a maintenant quelques exceptions. Les cotes de nivellement de plusieurs projets étudiés récemment pour les chemins de fer ont été rapportées au niveau de la mer.

veau et la mire, dont la description détaillée forme l'objet du livre II ; je me bornerai à indiquer, quant à présent, le but que l'un et l'autre doivent remplir.

Le NIVEAU est destiné à diriger horizontalement le rayon visuel de l'observateur dans tous les sens autour d'un point, de manière que l'œil puisse reconnaître quels sont les objets situés dans le plan horizontal qui passe par ce point.

La MIRE est simplement une règle droite que l'on fait poser d'aplomb, par un aide appelé *porte-mire*, sur le point dont on s'occupe, afin d'en rendre la verticale visible.

17. L'opération élémentaire du nivellement consiste à mesurer la longueur Aa interceptée sur cette verticale, par le plan horizontal de visée. A cet effet, la mire porte un *voyant*, c'est-à-dire une plaque mobile, sur laquelle est tracée une droite horizontale très-apparente, dite *la ligne de foi*. Cela compris, voici comment on procède.

Ayant installé le niveau en N, faites-le tourner jusqu'à ce que votre rayon visuel rencontre la mire en A. Vous verrez quel est ce point, sans pouvoir le marquer vous-même, attendu que la distance NA sera ordinairement trop grande pour cela ; mais le porte-mire, guidé par les signes que vous lui ferez, amènera la ligne de foi du voyant à la hauteur du rayon de visée et l'y fixera, après quoi la distance de cette ligne au pied de la mire vous donnera la hauteur Aa, ou la cote de a relativement à l'horizontale NA.

Fig. 7.

C'est là ce que l'on appelle *donner un coup de niveau sur un point*. Le résultat de cette opération, ou la cote élémentaire obtenue, prend également le nom de *coup de niveau*.

Hauteur du niveau apparent sur le niveau vrai.

Fig. 7.   18. Si le point A obtenu par l'opération qui vient d'être décrite était exactement dans la surface de niveau que détermine le point N, la cote aA marquerait précisément la différence de niveau des points N, a; et, si l'on voulait mesurer la différence de niveau entre le point n situé au-dessous de N et le point a, il suffirait de retrancher la moindre des cotes nN, aA de la plus forte ; le reste serait la différence cherchée.

Mais on observera que le rayon visuel NA n'est que la tangente à la surface de niveau NA′, et n'a de commun avec elle qu'un élément de contact. Par ce motif, on dit que NA est une ligne de *niveau apparent*, et l'on réserve, au contraire, à NA′ le nom de *niveau vrai*. La différence AA′ entre la cote Aa que donne le premier et la cote A′a que donnerait le second est *la hauteur* ou *l'excès du niveau apparent sur le niveau vrai*.

Il semble, d'après cela, qu'on est dans la nécessité de calculer cette différence et de corriger l'erreur de chaque coup de niveau donné avec un rayon visuel horizontal ; mais, dans la pratique, il n'y a presque jamais à s'en préoccuper, parce que les méthodes adoptées pour la conduite des opérations du nivellement fournissent, comme on le verra bientôt, des résultats d'où cette erreur disparait d'elle-même.

19. Dans les cas extrêmement rares où l'on ne peut se dispenser d'avoir égard à cette erreur, on parvient à la calculer assez simplement : soient C le centre du cercle dont la courbure au point N se confond avec celle de la ligne qu'on aurait en coupant la surface de niveau par le plan vertical que déterminent la verticale de N et le point a; NC, AC les rayons aboutissant aux points N, A; prolongez AC jusqu'à la rencontre en B de cette circonférence : la tangente NA étant moyenne proportionnelle entre la sécante entière AB et sa partie extérieure AA', on a

Fig. 8.

$$NA^2 = AA' \times AB, \text{ et par conséquent } AA' = \frac{NA^2}{AB}.$$

Cette expression peut être remplacée sans erreur appréciable, par $\frac{NA^2}{2R}$, R étant le rayon du cercle A'BN.

En effet, on a $\frac{NA^2}{2R} - \frac{NA^2}{AB} = \frac{NA^2(AB-2R)}{2R \times AB} = \frac{NA^2}{AB}$

$\times \frac{AB-2R}{2R} = AA' \times \frac{AB-2R}{2R}$. Or la plus grande hauteur AB—2R à laquelle A puisse être au-dessus de la mer ne dépassant pas 8000 mètres, la fraction $\frac{AB-2R}{2R}$, qui mesure l'erreur commise sur AA', serait moindre que $\frac{1}{1000^e}$ si le diamètre 2R était seulement de 8000000 de mètres; mais on doit le supposer généralement plus grand, car le moindre rayon de courbure du globe supposé ellipsoïdal dépasse 12600000^m; on est donc certain que la formule $\dfrac{NA^2}{2R}$ ferait connaître AA′ à moins de $\dfrac{1}{1000^e}$ d'erreur.

20. Nous ignorons quelle est la valeur du rayon de courbure R; toutefois, en supposant une moyenne pour l'ellipsoïde et réduisant $\dfrac{1}{2R}$ en fraction décimale, on obtient AA′ $= 0.0000000785$ NA², formule d'une application facile. A 100 mètres de distance, elle donne pour la hauteur du niveau apparent au-dessus du niveau vrai 0^m.000785, c'est-à-dire *moins d'un millimètre.*

A 1000 mètres de distance, AA′ $= 0^m.0785$, quantité qu'on ne saurait négliger dans un nivellement, etc.

21. Les résultats fournis par cette formule ne doivent être regardés que comme approximatifs, puisque nous l'avons construite sans avoir égard à la véritable forme des surfaces de niveau, qui nous est encore inconnue. Comme elles offrent une courbure différente suivant le point de l'horizon vers lequel on dirige un rayon visuel, il s'ensuit que la hauteur du niveau apparent sur le niveau vrai varie également, et qu'elle ne serait pas la même, par exemple, pour deux coups donnés à des distances égales, mais en pointant successivement au nord et à l'est.

22. Si la figure de la terre ou de ses surfaces de niveau était rigoureusement celle d'un ellipsoïde, on parviendrait facilement à calculer cette influence de

l'orientation du niveau ; mais je n'entrerai pas dans ce détail, parce que la formule déduite de l'hypothèse ci-dessus demeurerait sans application. Cependant, pour faire comprendre jusqu'à quel point on peut compter sur l'exactitude de celle du n° 20, j'ai cherché, sur l'ellipsoïde, à quelle distance du niveau il faudrait placer la mire pour que la différence entre la plus grande et la plus petite valeur de l'excès du niveau vrai sur le niveau apparent fût moindre qu'une quantité donnée, cette distance demeurant constante dans un tour complet d'horizon. Il est évident que la solution de ce problème doit conduire, pour l'équateur, à des distances plus petites que pour des parallèles moins éloignés du pôle. Voici les résultats du calcul pour les points de l'équateur et pour la zone terrestre comprise entre les 42e et 52e parallèles, qui renferme la France entière.

DIFFÉRENCE entre la plus grande et la petite valeur de l'excès du niveau apparent sur le niveau vrai.	PORTÉES CORRESPONDANTES du niveau	
	à l'équateur.	entre les 42e et 52e parallèles.
0^m.0001 ou $\frac{1}{10}$ de millimètre..	355^m.95	545^m.52
0 .0005 ou $\frac{1}{2}$ millimètre. . . .	795 .94	1219 .82
0 .0010 ou 1 millimètre. . . .	1125 .72	1725 .09
0 .0050 ou $\frac{1}{2}$ centimètre. . . .	2516 .97	3857 .44

23. Puisque ces limites sont aussi resserrées dans l'hypothèse de surfaces de niveau ayant rigoureuse-

ment la courbure de l'ellipsoïde, on conçoit qu'elles le seraient bien davantage si la même question pouvait être résolue pour les surfaces de niveau véritables qui sont indubitablement bien moins règulières (*).

Ces conclusions nous apprennent que les tables qui ont été calculées par quelques auteurs pour faire connaître l'excès du niveau vrai sur le niveau apparent, et où l'on a donné jusqu'aux dixièmes de millimètre, n'ont point le degré d'exactitude qu'on leur attribue communément.

Erreur causée par la réfraction de l'air.

24. Jusqu'ici nous avons supposé que les rayons visuels dirigés par le niveau sont des lignes droites, mais cela n'est pas absolument vrai. La lumière arrive de la mire à l'observateur au travers d'une couche d'air transparente, où elle se meut généralement suivant une ligne courbe qui tourne sa concavité vers la terre : c'est ce qu'on exprime en disant que la lumière est *réfractée* (**) ou déviée du chemin rec-

(*) Les bombements et les dépressions des surfaces de niveau, relativement à la surface d'un ellipsoïde *osculateur*, ne sont pas plus sensibles, sur cette dernière, que ne le sont sur une glace polie les inégalités qu'on parvient à y découvrir avec les instruments les plus délicats.

(**) Ce mot, que les physiciens ont appliqué d'abord à la déviation *brusque* qu'éprouve un rayon de lumière passant d'un milieu dans un autre, de l'eau dans l'air, par exemple, et à laquelle est due l'apparence de *brisure* que présente une règle droite en partie plongée dans l'eau, a ici une signification un peu différente. La déviation de la lumière dans l'air n'est, à proprement parler, qu'une flexion produite par l'inégale densité des couches d'air qu'elle traverse.

tiligne qu'elle suivrait si l'atmosphère n'existait pas. Cette propriété de l'air a pour effet de faire voir à l'observateur la mire presque toujours plus haute et très-rarement plus basse qu'elle n'est en réalité ; de là une erreur dont il faut corriger les cotes de nivellement. Sous nos climats tempérés et dans des circonstances atmosphériques ordinaires, cette correction est moyennement $\frac{16}{100}$ de la hauteur du niveau apparent sur le niveau vrai.

La mire étant vue en A, tandis qu'elle est en A″ au-dessous de l'horizontale N A, tangente à la route A″N suivie par la lumière, la cote élémentaire A″a est moindre que Aa ; il faut, par conséquent, pour avoir cette dernière, ajouter A A″ à A″a. La correction de l'erreur causée par la réfraction est donc *additive*.

Fig. 7.

25. EXEMPLE : N A $= 3600^m$, A″$a = 3^m.83$. Pour avoir la cote vraie du point a, on fera les calculs comme il suit :

Cote élémentaire. . . . . $3^m.83$
Hauteur du niveau apparent sur le niveau vrai,
        $0.0000000785 \times 3600^2$. . . $- 1 .02$

                    Reste. . . . $2^m.81$
Abaissement causé par la réfract., 1.02×0.16. . $+ 0 .16$

Cote vraie du point a. . . . . $2 .97$

26. Quand on s'en tient à la valeur moyenne de la réfraction indiquée au n° 24, les deux corrections peuvent être réunies dans une seule formule, qui est $\frac{2}{5} \cdot \frac{NA^2}{10000000}$. Appliquée à l'exemple ci-dessus, elle

2

conduit au même résultat. Cette simplification vient de ce que les deux premiers chiffres significatifs de l'erreur de réfraction sont les seuls qu'on puisse considérer comme à peu près exacts. Pour des distances un peu grandes, comme 3600 mètres, à peine est-il permis de regarder la cote rectifiée comme exacte à moins de $0^m.02$ ou $0^m.03$.

Nivellement simple.

27. L'opération par laquelle, sans changer le niveau de place, on compare les hauteurs de deux points est un *nivellement simple*.

Nous avons vu au n° 18 qu'on pourrait placer le niveau en N, au-dessus de l'un des points *n* à niveler ; donner ensuite un coup de niveau sur le second point *a*, et enfin corriger, ainsi qu'on l'a expliqué ci-dessus, la cote de ce dernier des erreurs provenant de l'élévation du niveau apparent sur le niveau vrai et de la réfraction atmosphérique. La cote rectifiée, comparée à N *n*, ferait effectivement connaître la différence de niveau cherchée.

28. Mais on observera qu'il serait embarrassant de placer le niveau à la hauteur ou dans la verticale de l'un des points donnés. Il est plus commode de choisir, à portée de ces points, un troisième point N, où l'on place le niveau ; on mesure les cotes A *a*, B *b*, et leur différence est la distance verticale comprise entre les lignes ou surfaces de niveau qui passent par ces points.

EXEMPLE. On a trouvé $Aa = 3^m.29$ et $Bb = 1^m.34$.
Comme Aa surpasse Bb de $3^m.29 - 1^m.34 = 1^m.95$,
il s'ensuit que a est moins élevé que b de $1^m.95$, ou
que la différence de niveau entre ces deux points est
égale à $1^m.95$.

Observations importantes pour le cas où l'on place le niveau à égale
distance des points à niveler.

29. Lorsque l'on a l'attention de placer le niveau
en un point N qui soit également distant des points Fig. 9,
a, b, l'erreur du niveau apparent et celle de la réfraction affectent également les deux hauteurs de
mire, et par conséquent disparaissent de leur différence, sans qu'on ait besoin de les corriger.

30. Par cette méthode on a encore cet avantage
que si, par quelque cause, le niveau avait le défaut
de donner un rayon visuel incliné à l'horizon, cette
nouvelle erreur disparaîtrait aussi du résultat ; car
les droites NA, NB étant les horizontales ou lignes du
niveau apparent, menées par le point N autour duquel
tourne le rayon visuel, pour passer de la direction
NA′ à la direction NB′, les triangles NAA′, NBB′
seront évidemment égaux entre eux, et par conséquent on aura $AA' = BB'$. Par conséquent les points
A′, B′ seront de niveau entre eux comme A et B et
la différence des cotes $A'a$, $B'b$ sera la différence de
niveau des points a, b.

Voilà donc un procédé à la fois simple, exact et
expéditif ; aussi est-il à peu près exclusivement
adopté dans la pratique.

31. Quand le niveau est exact, c'est-à-dire quand il dirige bien horizontalement le rayon visuel de l'observateur, l'égalité des distances NA, NB n'est pas absolument nécessaire, du moins pour des portées peu étendues : en effet, l'erreur que l'on commet provient de ce que la hauteur du niveau apparent sur le niveau vrai, pour l'un des points nivelés, ne compense pas exactement la hauteur analogue pour l'autre point; mais, si la différence est fort petite, on la négligera. Or cette différence d a pour valeur $\dfrac{0.84\,(\mathrm{NA}^2 - \mathrm{NB}^2)}{2\mathrm{R}}$ en tenant compte de l'erreur de réfraction et en appelant R un rayon de courbure moyen comme au n° 20. On peut la mettre sous la forme $d = \dfrac{0.84\,(\mathrm{NA} - \mathrm{NB})\,(\mathrm{NA} + \mathrm{NB})}{2\mathrm{R}}$, d'où l'on tire $\mathrm{NA} - \mathrm{NB} = \dfrac{2\mathrm{R}d}{0.84\,(\mathrm{NA} + \mathrm{NB})}$. C'est avec cette formule que j'ai calculé le tableau ci-dessous.

Valeurs de NA+NB.	Valeurs correspondantes de NA—NB		
	pour $d=$ 0ᵐ.0001,	0ᵐ.0005,	0ᵐ.001
100ᵐ.	15ᵐ	75ᵐ.75	151ᵐ.25
200.	7.50	37 .75	75 .75
300.	5	25 .25	50 .50
400.	3.75	19	37 .75
500.	3	15 .25	30 .25

32. On a donc, dans tous les cas, une assez grande latitude pour choisir l'emplacement qui convient le mieux au niveau. En général, il suffit de faire en sorte que la condition d'égalité des distances

NA, NB soit remplie à peu près, ce que l'on obtient facilement à la simple vue; mais il ne faut pas oublier que le niveau est supposé juste.

Méthode du nivellement réciproque.

33. Il pourra se trouver entre les points a, b quel- Fig. 10. que obstacle comme un amas d'eau ou un vallon qui empêche de placer le niveau à des distances de ces points sensiblement égales ; on parviendra néanmoins à niveler encore avec le même avantage, en opérant comme il suit.

Placez le niveau en A', dans la verticale de a, et donnez un coup sur b; transportez-le ensuite en B', dans la verticale de b, et donnez un deuxième coup sur a. Soient B'', A'' les points où aboutissent les deux rayons visuels : je dis que la différence de niveau entre a et b sera $\dfrac{A''a+A'a}{2} - \dfrac{B''b+B'b}{2}$.

34. *Démonstration*. Soit I le point d'intersection des rayons visuels A'B'', B'A''; menez AIB qui partage cet angle en deux parties égales et rencontre en A, B les verticales A''a, B''b. Je vais faire voir 1° que A et B appartiennent à une même surface de niveau, et 2° que l'on a, sans erreur appréciable, AA' = AA'' et BB' = BB''.

Car, en premier lieu, dans les triangles AA'I, BB'I, les angles A', B' sont égaux entre eux, puisque l'on suppose que le rayon visuel dirigé par le niveau fait toujours le même angle avec la verticale.

Les angles AIA′, BIB′ sont d'ailleurs égaux, par construction : or quand deux triangles ont ainsi deux angles égaux chacun à chacun, le troisième angle de l'un est égal au troisième angle de l'autre ; donc les angles A et B sont égaux entre eux.

Soit maintenant C le point de rencontre des verticales A″a, B″b prolongées, ou le centre de la courbure des surfaces de niveau dans la direction marquée par l'alignement ab. Les angles A et B du triangle CAB étant égaux entre eux, on aura AC = BC ; et si l'on joint le centre C au milieu P de AB, les angles APC, BPC seront droits. Par conséquent, AB ne sera autre chose que la ligne du niveau apparent qu'on aurait obtenue en plaçant le niveau en P à égale distance des points A, B ; donc ces points sont de niveau entre eux, ainsi qu'on l'a expliqué au n° 29.

En second lieu, on a la proportion AA″ : AA′ :: A″I : A′I ou l'égalité $\dfrac{AA″}{AA′} = \dfrac{A″I}{A′I}$, à cause que la droite AI divise en deux parties égales l'angle A′IA″ ; mais on a aussi $\dfrac{A″I}{A′I} = \dfrac{A″C}{A′C} : \dfrac{P″C}{P′C}$. D'où je conclus que $\dfrac{A″I}{A′I}$ et par suite $\dfrac{AA″}{AA′}$ est compris entre $\dfrac{A″C}{A′C}$ et $\dfrac{P′C}{P″C}$, ou entre $1 + \dfrac{A′A″}{A′C}$ et $1 - \dfrac{P′P″}{P″C}$; par conséquent $\dfrac{AA″ - AA′}{AA′}$ a pour limites $\dfrac{A″C}{A′C}$ et $\dfrac{P′P″}{P″C}$. Or les longueurs A′A″, P′P″ se réduisant, dans la pratique, à un petit nombre de mètres (tout au plus la hauteur totale de la mire), et A′C, P″C étant au contraire des longueurs comparativement immenses (plus de 6,300,000 mètres), on voit que $\dfrac{AA'' - AA'}{AA'}$ ne diffère de zéro que d'une quantité pour ainsi dire nulle, car elle ne s'élèverait pas à un millionième.

On verrait, par un raisonnement analogue, qu'il en est de même du rapport $\dfrac{BB'' - BB'}{BB'}$.

De ce que l'on peut regarder les points A, B comme les milieux des longueurs A'A'', B'B'', il s'ensuit que l'on a $Aa = \dfrac{A'a + A''a}{2}$ et $Bb = \dfrac{B'b + B''b}{2}$, et comme on a prouvé que A et B sont de niveau entre eux, la distance verticale des points a, b sera égale à la différence $\left(\dfrac{A'a + A''a}{2}\right) - \left(\dfrac{B'b + B''b}{2}\right)$, ce qu'il fallait démontrer.

35. On remarquera que si le point d'intersection I des rayons visuels se trouvait en dehors de l'angle aCb, les explications qui précèdent demeureraient encore les mêmes.

36. Dans toute cette démonstration, je n'ai rien dit de la réfraction, parce que cette cause d'erreur agit autant dans un sens que dans l'autre. Soient r_a, r_b les quantités dont il faudrait augmenter les hauteurs de mire observées en a et b : les cotes rectifiées seront $A''a + r_a$, $B''b + r_b$; par conséquent on aura pour la différence de niveau cherchée

$$\left(\frac{A'a + A''a + r_a}{2}\right) - \left(\frac{B'b + B''b + r_b}{2}\right) = \left(\frac{A'a+A''a}{2}\right) - \left(\frac{B'b+B''b}{2}\right) + \left(\frac{r_a - r_b}{2}\right).$$

Or les distances $A''B'$, $A'B''$ sont égales entre elles, car on a, sans erreur appréciable, $IA' = IA''$ et $IB' = IB''$, puisque $IA' : IA'' :: AA' : AA''$ et $IB : IB'' :: BB' : BB''$. D'ailleurs on doit supposer les coups de niveau donnés dans des circonstances atmosphériques semblables, d'où il est permis de conclure que $r_a = r_b$. Ces deux quantités disparaissent donc du résultat final, comme s'il n'y avait pas de réfraction atmosphérique.

37. Si l'on nivelait de deux stations S, T prises dans la ligne ab, à des distances égales de son milieu ou des points a, b, la différence de niveau serait encore donnée par les moyennes $\dfrac{A'a+A''a}{2}$, $\dfrac{B'b+B''b}{2}$, entre les deux hauteurs de mire obtenues sur chacun de ces points. La démonstration de cette propriété serait, à peu de chose près, la même que la précédente.

Fig. 11.

Nivellement composé.

38. Lorsqu'on ne peut déterminer la différence de niveau de deux points par un seul nivellement simple, on a recours au *nivellement composé* : c'est ainsi qu'on appelle l'opération par laquelle on fait dépendre alors la différence cherchée de plusieurs nivellements simples facilement exécutables.

Les deux questions suivantes en renferment toute la théorie.

39. Première question. — *Connaissant la différence de niveau de deux points a, b et celle de b* Fig. 12. *et d'un troisième point c, trouver la différence de niveau entre a et c.*

Soient $A'a$, Bb les cotes obtenues par le nivellement simple entre a et b; soient de même $B'b$ et Cc celles d'un second nivellement simple opéré entre b et c.

Portons sur le prolongement de aA' la longueur $A'A'' = bB'$, et sur celui de cC la longueur $CC'' = bB$; je dis que les points A'', C'' obtenus ainsi seront de niveau entre eux.

En effet, il y a un troisième point B'' qui se peut construire de deux manières, à la cote $Bb + B'b$: d'abord en portant $BB'' = B'b$ sur le prolongement de bB, et alors A'' et B'' se trouveront être de niveau entre eux comme élevés de la même quantité $B'b = A'A'' = BB''$ au-dessus des points A' et B qui le sont déjà par hypothèse; ensuite en portant $B'B'' = Bb$ sur le prolongement de bB', et alors B'' et C'' se trouveront, à leur tour, être de niveau entre eux comme élevés de la même quantité $Bb = B'B'' = CC''$ au-dessus des points B' et C qu'on suppose également l'être déjà. Les points A'', C'' étant ainsi de niveau avec un même point B'' le sont nécessairement entre eux, ce qu'il fallait démontrer.

Par conséquent, nous pouvons prendre pour cotes

de nivellement des points a et c les deux sommes $a\mathrm{A}' + b\mathrm{B}'$ et $b\mathrm{B} + c\mathrm{C}$.

40. EXEMPLE. $\mathrm{A}'a = 0^{\mathrm{m}}.742$, $\mathrm{B}b = 2^{\mathrm{m}}.266$, $\mathrm{B}'b = 1^{\mathrm{m}}.274$, $\mathrm{C}c = 1^{\mathrm{m}}.748$; j'ajoute séparément $\mathrm{A}a$ et $\mathrm{B}'b$, puis $\mathrm{B}b$ et $\mathrm{C}c$, ce qui donne

$\mathrm{A}'a$ . .	$0^{\mathrm{m}}.742$		$\mathrm{B}b$ . . .	$2^{\mathrm{m}}.266$
$\mathrm{B}'b$ . .	$1\ .271$		$\mathrm{C}c$ . . .	$1\ .748$
$\mathrm{A}'a + \mathrm{B}'b$ . .	$2\ .013$		$\mathrm{B}b + \mathrm{C}c$ . .	$4\ .014$
			$\mathrm{A}'a + \mathrm{B}'b$ . .	$2\ .013$

Différence de niveau entre a et c . . . $2\ .001$

La deuxième somme étant la plus forte, on voit que le point a est plus élevé que c, et la différence $2^{\mathrm{m}}.001$ nous apprend de combien.

41. DEUXIÈME QUESTION. — *Étant donné tant de points qu'on voudra, liés deux à deux par des nivellements simples, trouver la différence de niveau des deux points extrêmes.*

On dit que des points sont liés ainsi deux à deux, quand on connaît les différences de niveau de chacun de ces points avec le précédent et avec le suivant. Cela posé, la différence de niveau des deux points a, c situés de part et d'autre de b étant égale à la différence des côtes composées $\mathrm{A}'a + \mathrm{B}'b$, $\mathrm{B}b + \mathrm{C}c$, on pourra regarder ces deux points comme liés entre eux directement, sans l'intermédiaire de b, par un nivellement simple qui aurait donné pour côtes élémentaires ces deux sommes; un quatrième point d

Fig. 13.

formerait donc, avec a et c, un nouveau système de trois points liés, comme a, b, c, par deux nivellements simples, et partant, la différence de niveau entre a et d se déterminerait comme au n° 39, en retranchant l'une de l'autre les sommes $A'a + B'b + C'c$, $Bb + Cc + Dd$. On opérerait de même à l'égard d'un cinquième point, et ainsi de proche en proche jusqu'au dernier.

42. C'est ici le lieu de définir une distinction essentielle qu'on fait continuellement entre les différents coups de niveau. On peut supposer que l'observateur a cheminé de a vers f : dans ce cas, il aura donné d'abord un coup de niveau sur a, puis un second sur b; ensuite, d'une nouvelle station choisie entre b et c, un troisième coup sur b, un quatrième sur c, et ainsi de suite alternativement. Ainsi donc, le premier coup, le troisième, et en général *tous ceux de rang impair*, auront été donnés sur les points que l'observateur laissait derrière lui, tandis que le deuxième coup, le quatrième, et *tous ceux de rang pair* l'auront été, au contraire, sur les points qu'il rencontrait successivement devant lui. Par ce motif, les premiers ont reçu le nom de *coups arrière*, et les autres celui de *coups avant*.

On aurait pu tout aussi bien supposer que les opérations ont eu lieu dans le sens inverse, c'est-à-dire de f vers a. La dénomination de *coups arrière* appartiendrait alors aux cotes élémentaires appelées *coups avant* dans l'hypothèse ci-dessus, et réciproquement. Rien n'empêche non plus de supposer que les nivellements simples ont été faits partie dans un sens et partie dans un autre sens. Le calculateur est libre de fixer comme il lui plait le point de départ des coups de niveau sur chaque fraction du parcours total. Seulement, ces déterminations une fois arrêtées, toutes les cotes élémentaires deviennent des coups *arrière* ou *avant*, suivant qu'elles se trouvent être de rang *impair* ou de rang *pair*. On sent bien que tout cela est indépendant de la marche suivie en réalité par le niveleur sur le terrain.

43. Si l'on applique cette distinction à la solution qui précède, on verra que l'une des sommes servant à former les cotes de comparaison des points extrêmes se compose de tous les coups *arrière*, et l'autre de tous les coups *avant*. De là cette règle générale : *Étant donné tant de points qu'on voudra, liés deux à deux par une suite non interrompue de nivellements simples, faites séparément la somme des coups arrière et celle des coups avant : ces deux sommes pourront être regardées comme les cotes d'un nivellement simple, la première appartenant au point de départ et la seconde au point d'arrivée; et en les retranchant l'une de l'autre, vous aurez la différence de niveau de ces deux points.*

44. **Exemple.** On a nivelé sans interruption de *a* jusqu'à *f*, en passant par les points intermédiaires *b, c, d, e*. On écrira les coups *arrière* et *avant* dans deux colonnes, et le calcul se fera comme il suit :

	Coups arrière.		Coups avant.
A'a. . .	$0^m.742$	Bb. . . .	$2^m.266$
B'b. . .	1 .271	Cc. . .	1 .748
C'c. . .	2 .325	Dd. . .	0 .688
D'd. . .	2 .093	Ee. . .	0 .977
E'e. . .	1 .839	Ff. . .	1 .280
Totaux. . .	8 .270		6 .959

Somme des coups arrière. . . . . $8^m.270$

Somme des coups avant. . . . . 6 .959

Hauteur de f sur a. . . . . . . 1 .311

45. Un calcul semblable pourrait servir à trouver les relations de hauteur de deux quelconques des points faisant partie de la même série de nivellements simples. Si l'on voulait, par exemple, savoir quelle est la différence de niveau des points b, e, on ferait de même deux additions et une soustraction.

	Coups arrière.		Coups avant.
B'b. . . .	$1^m.271$	Cc. . . .	$1^m.748$
C'c. . .	2 .325	Dd. . .	0 .688
D'd. . .	2 .093	Ee. . .	0 .977
Totaux. .	5 .689		3 .413

Somme des coups arrière. . . . $5^m.689$

Somme des coups avant. . . . 3 .413

Hauteur de e sur b. . . . . . 2 .276

Ainsi donc cette méthode remplirait, à la rigueur, le but du nivellement tel qu'on l'a défini au n° 1; mais elle n'est pas, à beaucoup près, la plus expéditive, si ce n'est dans le cas où l'on a besoin seulement de connaitre les hauteurs relatives de deux points seulement. Lorsque chaque point doit être comparé à tous les autres, le nombre des additions nécessaires rendrait l'opération tellement laborieuse, qu'elle serait presque impraticable. Pour N points, ce nombre est donné par la formule $(N-1) \times (N-2)$ qui résulte de la théorie des combinaisons. Voici quelques résultats propres à donner une idée de la rapidité avec laquelle il s'accroît.

Nombre de points. .	6,	10,	20,	30,	40,	etc.
Nombre d'additions.	20,	72,	342,	812,	1482,	etc.

Quand on rapporte tous les points à un plan général de comparaison*, cet inconvénient n'a plus lieu.

* 2.

Comment on rapporte tous les points d'un nivellement à un plan général de comparaison.

46. Je suppose, pour fixer les idées, que ce plan passe par-dessus tous les points nivelés et que l'on ait assigné la cote A_1a du point de départ a relativement à ce plan. Pour obtenir les autres cotes, je prolonge les verticales des points b, c, d.... jusqu'à sa rencontre en B_1, C_1, D_1, etc...; je remarque ensuite que $B_1b = B_1B + Bb$. Mais $B_1B = A_1A' = A_1a - A'a$; donc, substituant cette valeur de B_1B dans l'égalité précédente, il vient $B_1b = A_1a - A'a + Bb$.

On trouverait semblablement $C_1c = B_1b - B'b + Cc$, $D_1d = C_1c - C'c + Dd$, et ainsi de suite; donc *chaque cote s'obtient en retranchant de la précédente le coup arrière qui lui correspond, et ajoutant au reste le coup avant sur le point que l'on considère.*

Fig. 13.

Il est évident que le reste obtenu de chaque soustraction est la cote du plan de visée qui relie ce point au précédent.

47. EXEMPLE. Reprenons les données du n° 44, et cherchons les cotes par rapport à un plan général passant à 3 mètres au-dessus du point a. Voici les calculs qu'on fera pour cet objet :

Cote du point a.	$3^m.000$
Coup arrière A′a. . . .	— 0 .742
Cote du plan de visée A′B..	2 .258
Coup avant Bb. . . .	+ 2 .266
Cote du point b. . . .	4 .524
Coup arrière B′b. . . .	— 1 .271
Cote du plan de visée B′C.	3 .253
Coup avant Cc. . . .	+ 1 .748
Cote du point c. . . .	5 .001
	— 2 .325
	2 .676
	+ 0 .688
Point d.	3 .364
	— 2 .093
	1 .271
	+ 0 .977
Point e.	2 .248
	— 1 .839
	0 .409
	+ 1 .280
Point f.	1 .689

Dans la pratique, on supprime la légende explicative qui accompagne la partie supérieure de la colonne de chiffres ci-dessus ; on ne laisse subsister que les signes — et + au devant des nombres qu'on doit retrancher et ajouter alternativement, et la lettre ou le numéro d'ordre de chaque point au devant de sa cote.

48. Les résultats obtenus par ce mode de calcul sont conformes à ceux des n°s 44 et 45 ; en effet, on a

Cote de a.	3^m.000
Cote de f.	1 .689
Hauteur de f sur a.	1 .311
Cote de b.	4 .524
Cote de e.	2 .248
Hauteur de e sur b.	2 .276

comme on l'avait trouvé aux exemples cités.

La règle du n° 43 peut, en conséquence, servir à faire *la preuve* des calculs par lesquels on rapporte tous les points d'un nivellement à un plan général de comparaison.

49. On voit ici l'avantage de ce plan général. Il a suffi de cinq additions et autant de soustractions formant ensemble le nombre des coups de niveau pour se procurer une série de cotes dont la simple lecture fait savoir immédiatement si tel point est plus haut ou plus bas que tel autre ; tandis que, pour arriver

au même résultat par le procédé du n° 45, il n'aurait pas fallu moins de vingt additions, c'est-à-dire un nombre d'opérations double du précédent. L'avantage s'accroît dans une proportion très-rapide à mesure que le nombre des points nivelés augmente.

50. Quelquefois on fait entrer les données et les calculs dans un tableau à colonnes.

Voici un exemple de cette disposition.

POINTS NIVELÉS.	COUPS de niveau.	DIFFÉRENCES EN		COTES calculées.
		+	—	
a	$0^m.742$	$1^m.524$	»	$3^m.000$
b	2.266			4.524
b	1.271	0.477	»	
c	1.748			5.001
c	2.325	»	$1^m.637$	
d	0.688			3.364
d	2.093	»	1.116	
e	0.977			2.248
e	1.839	»	0.559	
f	1.280			1.687
Totaux. . .		2.001	3.312	

Les deux premières colonnes renferment les points nivelés et les coups de niveau, dans l'ordre où l'observateur est censé les avoir donnés sur le terrain. Les troisième et quatrième colonnes se composent, sous les signes + et —, dont le sens va être expliqué tout à l'heure, des différences qu'on obtient en retranchant l'un de l'autre les deux coups de chaque nivellement simple. Quand on descend d'un point au suivant, la différence est inscrite sous le signe $+$; elle l'est sous le signe $-$ dans le cas contraire.

51. Cela fait, les cotes relatives au plan supérieur de comparaison se calculent comme il suit.

Ayant écrit dans la cinquième colonne, vis-à-vis de a, la cote du plan supérieur, on aura celle du point suivant b en ajoutant à la première la différence de niveau en $+$ trouvée entre a et b, car cette différence signifie que b est au-dessus de a de $1^m.524$. Par une raison semblable, on ajoutera à la cote de b la différence également en $+$ trouvée entre b et c, qui est $0^m.477$. Mais entre c et d, la différence est en $-$, c'est-à-dire que d est plus élevé que c de $1^m.637$; il faut donc retrancher $1^m.637$ de la cote $5^m.001$ du point c, et le reste $3^m.364$ sera celle du point d. Sans entrer dans plus de détails, on voit que ce procédé est général ; on pose d'abord la cote du plan supérieur, puis on ajoute à cette cote ou l'on en soustrait successivement toutes les différences trouvées, suivant qu'elles sont dans un sens ou dans l'autre. En d'autres termes, les premières sont essentiellement *additives* et les autres *soustractives*, ce qui justifie l'emploi des signes $+$ et $-$ pour les caractériser.

52. On pourrait faire la preuve de ces calculs par la règle du n° 43. Mais il vaudra mieux profiter des différences mêmes du tableau ci-dessus. En effet, les

nombres inscrits dans les troisième et quatrième colonnes ne sont autre chose que les hauteurs dont on descend ou remonte de chaque point au point suivant. Or la somme de celles-ci, moins la somme des premières, indique évidemment de combien l'on monte de a jusqu'à f. Faisant donc les deux sommes dont il s'agit, on trouve

Distances verticales parcourues.. { en montant.. . . 2^m.312
{ en descendant. . 2 .001

Hauteur de f sur a. . . . . 1 .311

comme il résulte des calculs du n° 44.

Il est visible que la plus forte somme appartient au point le plus haut, et fait connaître si l'on descend ou si l'on monte du premier point nivelé au dernier.

53. La cote de départ, ou d'*emprunt*, comme quelques auteurs l'appellent, doit être assez forte pour fournir à la soustraction de toutes les différences en —. Évidemment cette condition sera remplie si l'on donne à la cote dont il s'agit une valeur égale ou supérieure à la somme de ces différences.

Cette limite s'abaissera dans quelques cas; ainsi, dans l'exemple ci - dessus, la première différence en — étant précédée de plusieurs différences en +, on pourra réduire d'autant la cote d'emprunt formée de la somme des différences en —, et même il arrive ici que l'application de cette remarque conduit à un plan de comparaison passant par le point f, mais on voit bien que cela n'a pas toujours lieu.

54. Si la cote toute connue, qui indique la hauteur du plan général de comparaison, au lieu d'être celle du premier point nivelé, était celle de tout autre point tel que c, on partagerait la série en deux autres, savoir abc et $cdef$; celle-ci rentrerait dans les cas déjà traités, mais pour trouver les cotes de la partie abc, il faudrait rétrograder dans l'ordre cab, et alors, comme il a été dit au n° 42, les coups *arrière et avant* qu'on a dans l'ordre abc deviendraient des coups *avant et arrière*; en d'autres termes, les quantités qui s'ajoutaient en suivant cet ordre se retrancheront quand on suivra l'ordre cab, et *vice versâ*. Ces changements n'offrent aucune espèce de difficulté.

55. J'ai supposé jusqu'ici que tous les points doivent être rapportés à un plan supérieur, ce qui est le cas le plus ordinaire. Si le plan de comparaison

Fig. 13. devait être inférieur comme A_2F_2, on aurait $B_2b = B_2B - Bb = A_2A' - Bb = A_2a + A'a - Bb$, puis $C_2c = B_2b + B'b - Cc$, et ainsi de suite. Donc *chaque cote s'obtient en ajoutant à la précédente le coup arrière qui lui correspond, et retranchant de la somme obtenue le coup avant sur le point que l'on considère.*

Les applications de cette règle, tout à fait analogue à celle du n° 46, se font par des calculs absolument semblables à ceux dont on a donné les types aux n°ˢ 47 et 50. Toute la différence consiste en ce que les additions de ces derniers se changent en soustractions, et réciproquement. La limite de la

cote d'emprunt est alors égale à la somme des différences en $+$.

On remarquera qu'en ajoutant à la cote B_2b la
cote B_1b du plan supérieur, on obtiendrait $B_1b + B_2b$
$= A_1a + A_2a$, parce que les coups de niveau $A'a$,
Bb, seraient détruits l'un par l'autre dans cette
somme. On trouverait de même consécutivement
$B_1b + B_2b = C_1c + C_2c = D_2d + D_2d = $ etc.,
résultat facile à prévoir[*].   [*] 3.

56. Il pourrait arriver que la hauteur du plan général de comparaison fût assignée d'avance, par
exemple dans quelque nivellement antérieur auquel
le nivellement nouveau devrait faire suite, et
qu'alors ce plan passât au-dessus de quelques points
et au-dessous des autres.

On est averti de cette circonstance parce que quelques soustractions deviennent impossibles, la cote
de départ étant insuffisante; il faut alors admettre
des cotes *négatives*.

57. Supposons, par exemple, que le plan de com-
paraison A_3F_3 passe entre les points c, d, et que C_3c Fig. 13.
soit connu. On remarquera, pour continuer, que
$D_3d = D_3D - Dd = C_3C' - Dd = C'c - C_3c - Dd$;
par conséquent, on retranchera C_3c de $C'c$, et du
reste on retranchera encore Dd, ce qui sera toujours
possible; car prenons sur $C'c$ le point c' de niveau
avec d, nous aurons $C'c' = Dd$, et par suite la double soustraction à faire revient à retrancher C_3c de
$c'c$: or le point C_3 tombe au-dessous de c', puisque

le plan de comparaison choisi est supposé passer entre les points c, d ; donc on a $C'c > C_3c + Dd$.

Cela fait, on appliquera la règle du n° 55 à tous les points qui se trouveront au-dessus du plan adopté, et les cotes ainsi obtenues seront affectées du signe — pour les distinguer des autres.

58. Cette méthode est directe, mais elle a l'inconvénient de nécessiter un changement dans le mode de calcul chaque fois que l'on passe d'un côté à l'autre du plan.

Quand la cote de départ ou toute autre est insuffisante, il est beaucoup plus commode de l'augmenter d'un nombre arbitraire et de corriger ensuite les cotes que son introduction aura modifiées; il y a plus, en choisissant ce nombre dans la suite 10, 100, 1000, etc., où l'unité est suivie de plusieurs zéros, les calculs deviennent d'une extrême simplicité.

59. EXEMPLE. On voudrait rapporter le nivellement du n° 44 à un plan A_3F_3 passant à $0^m.849$ au-dessus du point a.

Je partage d'abord le nivellement proposé en deux autres*, savoir c, b, a et c, d, e, f. Dans la première partie je ferai les calculs en allant de c vers a, comme si le niveleur avait opéré ainsi sur le terrain. Il en résulte que, pour cette fraction du parcours, Cc, Bb sont des coups arrière, et $B'b$, $A'a$ des coups avant. Dans la seconde, je suivrai l'ordre c, d, e, f, et alors les coups arrière seront $C'c$, $D'd$, $E'e$, et les coups avant Dd, Ee, Ff.

Fig. 13.

* 54.

Je remarque maintenant que la cote de départ $0^m.849$ est trop faible pour que la soustraction du premier coup arrière Cc soit possible, mais qu'en l'augmentant de 10 mètres, cette opération et les suivantes deviendront exécutables ; de là cette série de cotes :

$a.$ . . .	$8^m.848$	$d.$ . . . $9^m.212$
$b.$ . .	$10\ .372$	$e.$ . . $8\ .096$
$c.$ . .	$10\ .849$	$f.$ . . $7\ .537$

Actuellement il faut les ramener au plan choisi, plus bas de 10 mètres que celui qui a servi dans ces calculs. La transformation est extrêmement facile, puisqu'il ne s'agit que de trouver les différences de toutes ces cotes auxiliaires avec 10 (*). On obtient immédiatement pour cotes définitives

$A_3a.$ . .	$- 1.152$	$D_3d.$ . . $- 0.788$
$B_3b.$ . .	0.372	$E_3e.$ . . $- 1.904$
$C_3c.$ . .	0.849	$F_3f.$ . . $- 2.463$

J'ai mis le signe — devant celles qui appartiennent aux points $a, d, e, f,$ parce qu'ils sont au-dessus du plan de comparaison. Il en est ainsi de tous ceux dont la cote auxiliaire est moindre que 10.

60. Si l'on a plusieurs groupes de points rapportés à autant de plans particuliers, et que deux groupes consécutifs aient au moins un point de commun, on pourra les rapporter à un plan unique de compa-

______

(*) Pour soustraire de 10 un nombre moindre, on écrit au-dessous de chacun de ces chiffres ce qu'il faut y ajouter pour compléter 9, excepté le dernier sous lequel on écrit sa différence avec 10. Par exemple, pour le nombre. 8.848
je trouve, en allant de gauche à droite. 1.152

raison ; cette circonstance se présente lorsque l'on a, des diverses stations, donné des coups de niveau sur plus de deux points, ce qui est permis dans certaines

* 31. limites *.

La manière de faire cette opération est fort simple ; elle consiste à déterminer, par les méthodes précédentes, au moyen des points qui lient entre eux les divers groupes, les cotes de leurs plans particuliers relativement au plan choisi. On obtient ensuite, par l'addition de la cote de chaque point, relative à son plan particulier, sa cote relative au plan général.

64. EXEMPLE. Voici les calculs à faire pour une série de groupes a, b, c; c, d, e, f; f, g, h, etc.

	Points nivelés.	Cotes élémentaires.	Cotes calculées.
1er groupe.	a.	$3^m.782$	$10^m.000$
	b..	3 .056	9 .274
	c..	0 .473	6 .691
2e groupe.	c..	3 .581	6 .691
	d..	2 .995	6 .105
	e.	1 .454	4 .564
	f.	0 .667	3 .777
3e groupe.	f..	2 .842	3 .777
	g..	1 .370	2 .305
	h..	0 .887	1 .282
etc.			

Après avoir pris 10 mètres pour cote d'emprunt ou

* 53. de départ, avec les précautions convenables *, j'en retranche la cote élémentaire $3^m.782$ de a considérée ici comme coup arrière, et j'ajoute successivement au reste 6.218, qui est la cote du 1er groupe particulier, les cotes 3.056 de b et 0.473 de c, ce qui donne les cotes 9.274, 6.691, relatives au groupe général.

Actuellement, de la cote 6.691 du point c comme au premier et au second groupe, je retranche la cote élémentaire de c considérée comme coup arrière; j'ajoute au reste celles des points suivants d, e, f, et les sommes obtenues sont les cotes relatives au plan général.

Ce procédé est le même pour tous les groupes.

62. REMARQUE. Dans ces calculs, on pourra éprouver quelque difficulté à traiter les cas où il y aurait des cotes positives et d'autres négatives. Ce qu'il y a de plus simple à faire alors, c'est de rendre toutes les cotes de même signe, en leur ajoutant un même nombre formé par l'unité suivie d'autant de zéros qu'il sera nécessaire, et de les corriger de ce même nombre après avoir appliqué le procédé ci-dessus.

Problèmes de nivellement.

63. Les principes précédents fournissent les moyens d'obtenir la mesure des différences de hauteur de plusieurs points donnés, ce qui est le but principal du nivellement *; mais il arrive souvent aussi que sans connaître certains points, on en a d'avance les hauteurs relativement à d'autres, ou bien qu'ils doivent satisfaire à quelques conditions particulières. Alors on peut les déterminer avec le niveau et la mire. Les problèmes de cette espèce sont susceptibles d'être variés à l'infini, mais les suivants donneront une idée suffisante de la marche à suivre dans la plupart des cas.

64. **Premier problème.** *Étant donné un point et une ligne, trouver sur celle-ci le point dont la différence de niveau avec le premier est connue.*

Ayant installé le niveau à portée du point et de la ligne, donnez à volonté un coup sur le point, puis faites mouvoir sur la mire le voyant dans le sens convenable, d'une quantité égale à la différence de hauteur assignée.

Faites ensuite promener la mire sur la ligne donnée, et suivez-la en dirigeant continuellement sur elle un rayon de visée horizontal. Dès que la ligne de foi se trouvera dans ce rayon, le pied de la mire marquera un point ayant avec le premier la différence donnée de hauteur.

65. Si le point et la ligne donnés étaient trop éloignés l'un de l'autre pour faire cette recherche d'une seule station, il faudrait choisir à portée de la seconde un autre point, dont on déterminerait par un nivellement direct la différence de niveau avec le premier, et par suite avec le point cherché qu'on trouverait encore par le procédé qui vient d'être expliqué.

66. **Second problème.** *Trouver le point le plus haut ou le plus bas d'une ligne donnée.*

On fait poser la mire sur divers points de cette ligne ; tant qu'il faut abaisser ou élever le voyant pour donner le coup de niveau en marchant dans le même sens, on est certain que la ligne monte ou descend ; et lorsque le contraire arrive, c'est une preuve qu'elle descend ou remonte ; par conséquent, le point où le porte-mire cesse d'abaisser ou d'élever le voyant, est plus haut ou plus bas que ceux qui le précèdent et qui le suivent.

67. Il peut y avoir, sur la ligne donnée, plusieurs points jouissant de cette propriété ; ils occupent le sommet ou le fond des ondulations. Si l'on veut savoir quel est, entre tous ces points, le plus haut ou le plus bas, il faut en comparer les hauteurs par un nivellement proprement dit.

68. TROISIÈME PROBLÈME. *Trouver le point le plus haut ou le plus bas d'une surface.*

Dans une suite d'alignements sensiblement parallèles et suffisamment rapprochés, cherchez le point le plus haut ou le plus bas, et tracez une ligne par les points ainsi déterminés. Le point le plus haut ou le plus bas de cette ligne sera le point demandé.

69. QUATRIÈME PROBLÈME. *Tracer sur le terrain une ligne dont tous les points soient de niveau entre eux.*

Ayant installé le niveau à portée d'un point de cette ligne, que je suppose donné, et fixé sur la mire le voyant à la hauteur du rayon de visée, faites porter celle-ci, sans changer la hauteur du voyant, sur divers points du terrain ; le porte-mire guidé par vos signes montera ou descendra suivant qu'ils seront trop bas ou trop hauts, et, lorsque le rayon de visée passera par la ligne de foi, le pied de la mire marquera un point de la ligne cherchée.

On opérera ainsi dans toute l'étendue où l'excès du niveau apparent sur le niveau vrai pourra être négligé, eu égard au degré de précision demandé.

Arrivé à la limite, laissez la mire en place, puis transportez le niveau à une nouvelle station, et faites hausser ou baisser le voyant jusqu'à ce que la ligne de foi soit dans le rayon de visée. Le pied de la mire étant resté sur un point de la ligne cherchée, vous pourrez en trouver d'autres en la faisant promener, comme il a été dit tout à l'heure. Le même procédé est évidemment applicable de proche en proche, sur une longueur quelconque, aussi grande qu'on voudra.

70. De l'eau contenue dans une rigole dont tous les points seraient ainsi de niveau entre eux, resterait sans écoulement. Les tracés horizontaux à la surface des terrains, qu'on appelle LIGNES DE NIVEAU, servent à résoudre une foule de questions de la plus haute importance pour l'agriculture, le commerce et l'industrie. On en trouvera quelques exemples dans le quatrième livre.

LIVRE SECOND.

LES INSTRUMENTS.

I. *Du niveau d'eau.*

Description et propriétés de ce niveau.

71. Le plus simple et le plus connu de tous les instruments qui servent à niveler est le *niveau à eau* ou *niveau d'eau*. Il consiste dans un tuyau cylindrique ABCD de fer-blanc ou de cuivre, dont la partie Fig. 14. principale BC est maintenue à peu près horizontalement au moyen d'une douille conique placée à son milieu, qui reçoit la tige verticale d'un pied à trois branches. Les extrémités AB, CD s'élèvent verticalement, et se terminent par deux tubes AE, DF de verre transparent ouverts à leurs deux bouts. Je supposerai, pour fixer les idées, que tout est symétrique relativement à l'axe de la douille.

72. Pour se servir de ce niveau, on dispose la tige du trépied aussi verticalement que possible, puis on verse de l'eau dans l'un des verres jusqu'à ce qu'elle s'élève à environ deux tiers ou moitié de leur hauteur. On reconnaît que la tige est suffisamment verticale lorsqu'en faisant faire à l'instrument un

tour d'horizon, la hauteur d'eau ne change pas sen‑siblement dans les verres. Il faut au moins que le liquide, pendant tout ce mouvement, ne puisse en atteindre le sommet ni cesser d'y paraître.

73. Si les deux verres sont de même diamètre, le plan horizontal HI, déterminé par les surfaces supé‑rieures des colonnes d'eau qu'ils contiennent, est le même dans toutes les positions du niveau.

Car puisque la surface libre du liquide ne des‑cend point au-dessous du plan AD, dans un tour entier d'horizon, la partie ABCD du niveau reste pleine d'eau, et en contient toujours, par consé‑quent, la même quantité. Il s'ensuit que les deux colonnes variables formant le surplus du volume to‑tal, font une somme de volumes constante : or leurs bases ou les *sections droites* des verres sont égales entre elles; donc la somme des deux hauteurs est aussi constante.

Mais la portion KL de l'axe de rotation interceptée entre le plan AD des bases et le plan horizontal HI est égale à la moitié de cette somme; d'ailleurs, le point K est invariable, donc le point L l'est aussi. En d'autres termes, tous les plans horizontaux que déterminent les deux surfaces supérieures du liquide passent par ce point, c'est-à-dire se réduisent à un seul plan horizontal, ce qu'il fallait démontrer.

74. Il résulte de cette propriété du niveau d'eau que toutes les tangentes menées à la fois aux deux intersections de la surface de l'eau avec les tubes qui

la renferment, sont des horizontales situées dans un même plan. Les quatre rayons visuels que l'on peut mener tangentiellement à ces deux intersections sont, par conséquent, propres à déterminer les hauteurs de mire nécessaires pour le nivellement.

75. Toutefois il faut observer que ces intersections ne sont pas des lignes nettement terminées, parce que l'eau, en vertu de l'attraction moléculaire, se relève contre les parois du verre; elle forme un *onglet* annulaire dont l'épaisseur rend un peu incertaine la direction des rayons visuels tangents.

Pour pointer avec exactitude, on s'éloigne à quelque distance de l'instrument; alors les onglets paraissent comme des lignes noires bien tranchées, qui seraient tracées sur le verre même.

76. Un rayon visuel qui s'écarterait de la quantité h de l'horizontale dans l'intervalle l des deux verres ou dans la longueur du niveau, s'en écarterait de la quantité totale $\dfrac{X \times h}{l}$ à la distance X; par conséquent, si l'on suppose que h n'excède pas $0^m.0005$ ou un demi-millimètre, pour chaque distance égale à 20 fois la longueur l, il y aura une erreur possible de $0^m.01$.

On ne peut donc opérer avec justesse, vu la longueur ordinaire du niveau d'eau[*], qu'en réduisant sa portée à de petites distances, comme 25 ou 30 mètres.

77. Si les verres n'étaient pas de même calibre, l'onglet produit par l'attraction moléculaire dans le

[* 82.]

verre le moins large aurait une épaisseur plus forte que dans l'autre, et les tangentes, au lieu d'être horizontales, seraient inclinées à l'horizon.

78. Un autre inconvénient des verres dont les diamètres sont inégaux, c'est que les horizontales déterminées par les deux surfaces supérieures de l'eau ne demeurent plus dans un même plan horizontal, quand on fait tourner l'instrument.

Car supposons le liquide solidifié pendant que le niveau passe d'une direction à l'autre. Si, lorsqu'il y est parvenu, le plus grand des deux verres s'est élevé et l'autre abaissé, relativement au plan horizontal qu'ils déterminaient d'abord, une partie seulement de l'eau contenue dans le premier verre, au-dessus de ce plan, pourra, étant redevenue fluide, entrer dans l'espace vide laissé au-dessous de ce même plan par l'abaissement du second verre, puisque celui-ci est d'un moindre diamètre ; le surplus, réparti entre les deux verres, formera une couche terminée supérieurement par un nouveau plan horizontal, et l'épaisseur de cette couche sera précisément égale au changement de hauteur de la ligne de visée.

On démontrerait par un raisonnement analogue que, si le plus grand verre s'abaissait au lieu de s'élever, le nouveau plan horizontal serait inférieur au premier.

79. D, D' étant les deux diamètres, et $D > D'$, j'appelle h la variation de longueur de chacune des colonnes d'eau, et e la distance du nouveau plan

horizontal au plan primitif. Un calcul très-facile donne la relation $e = h \dfrac{D^2 - D'^2}{D^2 + D'^2}$.

Si l'on veut que e tombe toujours au-dessous de e', il faut poser $e < e'$ ou $h \dfrac{D^2 - D'^2}{D^2 + D'^2} < e'$. Je tire de cette inégalité $\dfrac{D}{D'} < \sqrt{\dfrac{h + e'}{h - e'}}$; or la hauteur h ne saurait excéder $0^m.04$, à moins d'une grande maladresse : d'un autre côté, la réduction de e' à $0^m.001$ est plus que suffisante pour la pratique. Avec ces données numériques, on trouve $\dfrac{D}{D'} < 1.0339$ ou $D - D' < 0.0339\,D'$; donc la différence $D - D'$ ne droit pas s'élever au delà de cette fraction de D' qui en est à peu près le trentième.

Les verres ont rarement moins de $0^m.03$ de diamètre intérieur, ce qui porte à $0^m.001$ la différence de grosseur déduite de ces calculs ; or on peut, dans l'état actuel de la fabrication des instruments, exiger des artistes qu'ils livrent, sans augmenter leurs prix, des verres dont les diamètres ne diffèrent pas de plus de $0^m.001$. En les choisissant convenablement, on fera presque entièrement disparaître l'erreur e.

80. Tous les rayons de visée seraient dans un même plan si l'on plaçait la douille au point marqué par le centre de gravité du système des verres ; mais ce moyen ne saurait remédier à l'inconvénient, déjà signalé *, des onglets dont l'épaisseur est inégale.

* 77

Observations sur la construction du niveau d'eau.

81. Le tuyau ABCD est ordinairement cylindrique, et sa grosseur varie de $0^m.02$ à $0^m.03$. On pourrait la faire encore moindre ; la seule condition essentielle, c'est que le canal intérieur ne devienne pas capillaire (*) ; autrement le liquide se mouvrait avec difficulté dans le niveau, et arriverait trop lentement à l'équilibre.

Mais il est nécessaire que les branches du niveau soient assez solides pour résister aux accidents et ne pas fléchir sous le poids des verres et de l'eau ; tel est le motif pour lequel on conserve les dimensions ci-dessus.

82. La longueur BC entre les deux coudes varie de 1 mètre à $1^m.30$. Les branches verticales AB, CD n'ont besoin d'avoir que la longueur nécessaire pour recevoir les deux verres : ceux-ci doivent y pénétrer sur $0^m.02$ ou $0^m.03$ de hauteur. Entre le métal et le verre on place une couche de mastic ou de cire, afin qu'il ne reste aucun joint par lequel l'eau puisse s'échapper.

83. On remplace avantageusement ces substances, qui ont le grave inconvénient de salir promptement la surface intérieure des verres, par une enveloppe de filasse ou d'étoupe. Garnis convenablement de

---

(*) Du mot latin *capillus, cheveu* : un tuyau est capillaire quand son diamètre est fort petit, ou comparable à l'épaisseur d'un cheveu.

cette matière, ils peuvent s'enlever et se remettre sans que l'on ait à craindre de voir des fuites se déclarer, comme il arrive lorsqu'on se sert de mastic.

84. Quelques niveaux de construction récente ont leurs branches verticales composées de deux parties vissées ensemble ; l'une d'elles est adhérente au verre qu'on peut ainsi détacher à volonté. Une rondelle de cuir gras, serrée entre leurs faces de contact, empêche l'eau de fuir. Fig. 15.

85. Les verres sont cylindriques et bien ronds : cela est nécessaire pour que l'onglet formé par le liquide ait une épaisseur uniforme. Cette épaisseur est moins sensible à mesure que le diamètre intérieur est plus grand ; pour la diminuer, on a fait des niveaux où ce diamètre s'élève à $0^m.05$ et même $0^m.07$, mais 3 centimètres suffisent.

Il n'est pas besoin de donner aux verres une grande hauteur. La partie calibrée visible peut varier de $0^m.08$ à $0^m.12$; ils doivent être terminés supérieurement par un goulot ne laissant que 1 centimètre environ d'ouverture, afin de pouvoir les boucher plus facilement lorsqu'on transporte le niveau, et en général toutes les fois que le liquide intérieur se trouve soumis à des mouvements capables de l'agiter fortement.

86. Dans les instruments soignés, les verres sont garnis d'*obscurateurs* (*). On donne ce nom à des Fig. 16.

(*) Ce perfectionnement est dû à l'ingénieur Iguace Michelotti.

enveloppes cylindriques, échancrées latéralement, et laissant voir les portions de la surface supérieure du liquide nécessaires pour diriger le rayon visuel. Lorsque la paroi intérieure de ces enveloppes est noire, l'eau en reçoit un reflet noirâtre et tranche mieux sur l'atmosphère. Quelques personnes préfèrent une teinte rouge, que l'on obtient en appliquant un papier de cette couleur contre le verre, sous l'obscurateur.

On peut obtenir des résultats analogues avec les niveaux ordinaires en y versant de l'eau colorée.

87. Il faut que la douille s'adapte à la tige du trépied assez exactement pour que le niveau ne ballotte point quand on le fait tourner.

Quelques niveaux portent, au lieu d'une douille, Fig. 17. une tige qui peut tourner dans la boule d'un genou à coquille; cette disposition permet de rendre le corps de l'instrument à fort peu près horizontal. En comparant les hauteurs de l'eau dans les verres, pendant qu'on le fait tourner, on aperçoit sans peine dans quel sens il a besoin d'être redressé; et, après quelques tâtonnements, on arrive à faire que ces hauteurs ne varient presque plus dans un tour entier d'horizon.

Modifications et perfectionnements apportés au niveau d'eau.

88. On ignore à quelle époque ce niveau a reçu sa forme actuelle. Les Romains, au siècle d'Auguste, faisaient usage, pour niveler, d'un instrument ap-

pelé CHOROBATE, que l'on croit identique avec le niveau d'eau, quant au principe, mais dont la forme nous est inconnue (*). On s'est servi également d'un long canal de bois, dans lequel il y avait de l'eau, et les coups de niveau n'étaient autre chose que les distances de la surface supérieure du liquide aux points placés sous ce canal.

Il paraîtrait que l'on a imaginé ensuite de couvrir ce canal dans sa longueur, à l'exception des extrémités qui étaient comme deux godets, dont l'eau versée dans l'instrument affleurait les bords quand il était dans une certaine position, ce qui permettait de diriger avec beaucoup de précision un rayon visuel horizontal tangentiellement aux deux surfaces supérieures.

89. Un niveau ainsi fait devait perdre une partie de son eau à chaque mouvement qu'on lui imprimait : la nécessité d'en verser continuellement de nouvelle ne pouvait qu'être extrêmement incommode; aussi a-t-on adopté universellement l'idée, d'un inventeur ignoré, d'ajouter des verres transparents à ce niveau. Dans l'origine, c'étaient des fioles sans fond, d'où est venu le nom de niveau à *fioles* qu'on trouve dans quelques anciens auteurs.

Cependant ce perfectionnement, qui faisait disparaître un inconvénient capital, faisait en même temps perdre à l'instrument la propriété de diriger un rayon

(*) Voir la note II à la fin du volume.

visuel avec la même précision qu'auparavant. La forme prise par la surface supérieure du liquide, au pourtour des verres, créait une difficulté nouvelle qui n'a jamais été complétement surmontée.

90. On a essayé d'adapter aux verres des anneaux portant des pinnules; mais il fallait, avant de viser, amener chacun de ces anneaux à la hauteur marquée par le liquide, et, par suite, perdre tout l'avantage de la célérité qui appartient au niveau d'eau. Il aurait fallu d'ailleurs vérifier fréquemment le parallélisme de la ligne donnée par les pinnules avec celle donnée par les deux surfaces de l'eau.

91. LA HIRE faisait flotter des pinnules sur le liquide, dans l'intérieur du niveau. Ces pinnules étaient disposées de manière à se présenter dans l'axe d'un tube servant à diriger le rayon visuel, disposition assez heureuse, mais qui n'avait pas la simplicité du niveau d'eau ordinaire.

92. MARIOTTE avait imaginé de faire porter une lunette par une nacelle sur de l'eau dans un vase (*), système digne de remarque. En s'assujettissant à se placer à égales distances des points dont on voudrait comparer les hauteurs, ce niveau serait d'une construction fort simple; mais la difficulté de son transport l'a fait abandonner (**).

(*) Lespinasse, *Traité du nivellement*, p. 9 et 10.
(**) Voir la note III à la fin du volume.

93. De nos jours, M. BLONDAT, ingénieur en chef des ponts et chaussées, a constaté (*) la possibilité de niveler avec un tube flexible, long de 50 mètres, terminé par deux tubes de verre ouverts à leur extrémité supérieure. Il est bien clair que de l'eau versée dans cet instrument, comme dans le niveau ordinaire, se met en équilibre; alors, si les surfaces supérieures du liquide apparaissent dans les tubes et qu'on applique ceux-ci contre deux mires, les sommets des colonnes d'eau y détermineront des points de niveau entre eux, et, par conséquent, feront connaître la différence de hauteur des points sur lesquels on aura placé les mires.

94. Le tube flexible, dans l'instrument essayé par M. Blondat, avait $0^m.014$ de diamètre intérieur; il était de toile et doublé, au dedans, d'une feuille de caoutchouc. Pour maintenir sa rondeur, on y avait introduit une spirale de fer étamé; les verres, de 2 mètres de longueur, étaient encastrés dans les deux règles divisées servant de mires.

Tout cet attirail, y compris une enveloppe de grosse toile pour préserver le tube flexible de l'usure, ne pesait que 20 kilogrammes.

Ce niveau peut être utile toutes les fois que, par une circonstance quelconque, le rayon de visée se trouve intercepté; il permet, par exemple, d'opérer pendant la nuit, dans le brouillard, dans les bois.

(*) *Annales des ponts et chaussées*, 2e semestre, 1840, p. 141.

95. Mais ces avantages sont compensés par le prix assez élevé de l'instrument et par la nécessité d'avoir au moins quatre hommes pour le manœuvrer.

Au fond, le niveau d'eau ordinaire est fort difficile à perfectionner; les personnes qui se proposent un tel but doivent ne pas perdre de vue que le problème ne peut être résolu qu'à la condition de ne rien ôter à ce niveau de sa simplicité et de sa promptitude, et de ne pas en élever sensiblement le prix.

11. *Du niveau à perpendicule.*

Description et usage de ce niveau.

96. Le seul instrument de ce genre qui soit aujourd'hui en usage est le niveau de *maçon* ou de *charpentier*, ainsi nommé parce que les ouvriers de ces deux professions s'en servent continuellement; il consiste dans deux règles de bois assemblées en A et reliées entre elles, par une troisième règle BC, de manière à former un triangle dont les côtés AB, AC prolongés ont leurs extrémités P, Q dans un même plan perpendiculaire à la ligne AR, laquelle est déterminée par le sommet A et par un trait R marqué sur la traverse BC. Ce trait prend le nom de *ligne de foi*.

Un fil à plomb ou perpendicule FG attaché en F, près du sommet, en un point de la ligne AR, fournit le moyen de placer horizontalement la base PQ; il suffit, pour cela, que ce perpendicule, tombant librement, vienne battre sur la ligne de foi.

97. Le triangle ABC est ordinairement isocèle (*); les côtés AB, AC de la partie ABC sont
égaux entre eux, et, par conséquent, la ligne de foi FR
passe par le milieu de BC.

Cet instrument a quelquefois une forme un peu
différente : c'est une règle solide JH, terminée par Fig. 19.
deux appuis JS, HT, et au milieu de laquelle s'élève
à angle droit une deuxième règle portant une ligne
de foi et un fil à plomb.

98. Tout le monde sait comment on peut, avec
ce perpendicule, régler les assises des constructions,
établir l'appui des croisées, araser horizontalement
la partie supérieure d'un mur, etc.

99. Quand on veut s'en servir pour niveler, on le
fixe debout sur une règle bien droite, montée sur un Fig. 20.
trépied au moyen d'un genou à coquille. Si cette
règle n'est pas horizontale, le fil à plomb marche
vers le côté le plus bas, et l'on sait par là dans quel
sens il faut la mouvoir pour corriger la déviation
observée. En tâtonnant un peu, on parvient bientôt
à ramener le fil sur la ligne de foi, et alors la règle
peut servir à diriger un rayon visuel horizontalement, et par suite à donner des coups de niveau, etc.

100. Il est nécessaire, pour la justesse de ces
opérations, que la tige qui supporte la règle et tourne
dans la boule du genou soit à fort peu près verti-

(*) Souvent on fait l'angle A droit, afin que l'instrument puisse au besoin servir d'équerre.

cale; autrement les divers rayons visuels ne seraient pas tous dans le même plan horizontal. Cette condition est assez facile à remplir; un peu d'adresse suffit pour cela. Toutefois les personnes qui éprouveraient quelque embarras, faute d'habitude, pourront faire usage du procédé suivant.

101. Faites tourner l'instrument jusqu'à ce que le fil à plomb batte librement sur la traverse BC; desserrez ensuite la coquille, et faites mouvoir la règle dans le plan vertical où elle se trouve, jusqu'à ce que le fil marque l'aplomb; serrez enfin de nouveau la vis du genou; vous serez certain d'avoir mis l'axe de rotation de l'instrument dans une situation verticale.

En effet, par le premier mouvement nous avons déterminé la position où la face du niveau est verticale; pendant le second, le diamètre de la boule perpendiculaire au plan vertical du niveau, et par conséquent horizontal, est demeuré immobile, car c'est autour de lui que ce mouvement s'est opéré : l'axe de rotation se trouve donc finalement à la fois perpendiculaire à ce diamètre resté horizontal et à la règle qu'on a rendue aussi horizontale; or toute droite perpendiculaire à deux horizontales non parallèles est nécessairement verticale, donc l'axe de rotation de l'instrument est lui-même vertical.

102. Ce résultat ne s'obtient, pour ainsi dire, jamais à toute rigueur dans la pratique. Si l'on voulait rendre l'axe de rotation complétement vertical,

il faudrait répéter plusieurs fois l'opération indiquée ci-dessus, et l'on réussirait après un petit nombre d'épreuves successives, dont chacune servirait à corriger la presque totalité des déviations que les précédentes n'auraient pu faire entièrement disparaître; mais cela demanderait des soins infinis et un temps considérable, vu la nécessité d'attendre la fin des oscillations du perpendicule à la suite de chaque mouvement.

103. Une aussi parfaite verticalité n'est heureusement pas nécessaire. Par une seule épreuve, on en approche assez pour que la variation de hauteur des rayons visuels, dans deux directions différentes, soit tout à fait négligeable. Cela résulte de ce que la règle, une fois disposée horizontalement, si le perpendicule s'arrête tant soit peu en avant de la ligne de foi, dans le sens perpendiculaire au plan du niveau, l'écart ne pourra être que fort petit et ne dépassera point la limite de 2 millimètres, ce qui ferait la cinquantième partie d'un fil long de $0^m.10$. Appelons généralement i la fraction analogue pour un perpendicule quelconque, et r la distance verticale du centre de la boule du genou au rayon de visée; on trouvera sans peine, pour l'abaissement de celui-ci résultant de l'inclinaison de l'axe de rotation, la formule $r(1 - \sqrt{1 - i^2})$, laquelle se réduit à $\dfrac{ri^2}{2}$, à moins de $r\dfrac{i^4}{6}$ d'erreur.

104. En prenant $\frac{1}{50}$ pour limite de i, cette for-

mule donne un abaissement égal à $0,0002.r$, à moins de $0,00000003.r$ d'erreur ; et comme r peut être supposé inférieur à $0^m.10$, on voit que, si l'axe de rotation ne s'écarte pas de la verticale de plus de $\frac{1}{50}$ de sa longueur, la plus forte différence de niveau entre deux rayons visuels sera plus petite que $\frac{1}{50}$ de millimètre, c'est-à-dire absolument négligeable, ainsi qu'on l'avait annoncé tout à l'heure.

105. Il y a une autre manière assez remarquable de se servir du niveau à perpendicule. Les fonteniers de Constantinople suspendent cet instrument, qu'ils appellent TERAZI, la pointe en bas, à une corde AmB, qui passe par le milieu m de la base, et par deux crochets h, j placés symétriquement de part et d'autre de ce point, où est d'ailleurs le milieu de la corde ; celle-ci est maintenue elle-même entre deux jalons, et on élève ou l'on abaisse ses extrémités jusqu'à ce que le perpendicule g, attaché au-dessous du pont m, vienne battre sur la ligne de foi, et alors les points A, B sont de niveau entre eux.

Fig. 21.

Observations sur la construction des niveaux à perpendicule.

106. L'usage des niveaux à perpendicule remonte à la plus haute antiquité. Les peuples de l'Orient, et notamment les Chinois, paraissent ne point en avoir connu d'autres. Toutefois, ce n'est que vers la fin du xviie siècle qu'on a cherché, en France, à en tirer parti pour les grandes opérations de nivellement.

107. Le niveau de l'abbé PICARD consistait dans

une longue boîte renfermant un perpendicule, assemblée à angle droit sur le tube d'une lunette d'approche ; dans cette boite, le perpendicule était garanti de l'agitation de l'air. Une ligne de foi, gravée sur l'une des parois intérieures et visible par une ouverture ménagée à cet effet, mettait l'observateur à même de reconnaitre l'horizontalité de l'axe de la lunette.

On connaît les succès obtenus par ce savant célèbre, dans plusieurs nivellements ordonnés par le roi Louis XIV, pour l'établissement de diverses conduites d'eau. A cette époque, qui est celle de la création de l'Académie des sciences de Paris, il y eut une grande émulation parmi les savants, et leur attention se porta vers le perfectionnement des niveaux. Ils en proposèrent plusieurs fort ingénieux, presque dans le même temps, et entre autres les niveaux d'eau à lunette et à pinnules flottantes dont j'ai déjà parlé, le niveau d'eau à *réflexion* et celui à *bulle d'air*, dont il sera question plus loin.

108. ROEMER, élève et collaborateur de Picard, imagina d'introduire dans une lunette l'espèce de fléau de balance dont les ouvriers fonteniers se servaient pour leurs opérations de nivellement. Une verge attachée à ce fléau, et chargée d'un poids, le rendait horizontal (*). En amenant sa partie supé-

(*) Perrault, dans une note de sa traduction de Vitruve, liv. VIII, ch. VI, émet l'opinion que cet instrument a pu être connu des Romains du temps d'Auguste, sous le nom de *libra aquaria*.

rieure dans l'axe de la lunette, on obtenait un rayon visuel horizontal d'une assez grande portée.

109. HUYGENS a eu l'idée très-remarquable de suspendre une lunette, laquelle, tant par son propre poids que par celui d'un poids additionnel attaché par-dessous, se mettait d'elle-même dans une position horizontale. Cet instrument avait l'avantage d'être d'une vérification facile, parce que l'on pouvait le suspendre à volonté par le crochet supérieur ou par l'inférieur, et le retourner ainsi sens dessus dessous sans changer la direction de la lunette (*).

110. Toutefois il paraît certain que le niveau de Picard avait obtenu généralement la préférence sur les précédents. Perfectionné successivement par l'abbé PARA et par GRIBEAUVAL, il n'a été définitivement abandonné que plusieurs années après que M. de Chezy eut fait connaître les avantages du niveau à bulle d'air et la manière de le dresser convenablement.

Vérification et rectification.

111. *Vérifier un niveau,* c'est reconnaître s'il est juste; le *rectifier,* c'est le rendre juste quand il ne l'est pas.

Fig. 22.　Supposons le niveau ABC appliqué en P, Q sur une droite GK, telle que le dessus d'une règle. AI

(*) Ces instruments sont décrits dans les traités du nivellement de Picard et de Lespinasse, ainsi que dans l'*Essai* du lieutenant-colonel A. Clerc.

étant la direction du perpendicule et GH une horizontale, le point I s'écartera de la ligne de foi AR en raison de l'obliquité de KG sur GH.

Concevons que l'instrument soit retourné sans que le sommet A change de place, ni, par conséquent, la perpendiculaire ARS menée sur la base PQ; les pieds P, Q s'appliqueront en P', Q' sur GK dans des positions telles que l'on aura SP' = SP, SQ' = SQ, et en général tout point de la figure occupera, relativement à la direction AR, une position symétrique de celle qu'il aura quittée : le fil à plomb seul, dont le point de suspension n'aura pas changé, sera resté dans sa position primitive, non par rapport à l'instrument, mais par rapport à l'horizontale GH; on aura donc aussi RI' = RI, I' étant ce que devient I, et l'angle IAI' = 2.RAI ; or RAI = KGH, donc IAI' = 2.KGH.

Donc par le retournement, le fil à plomb s'est écarté de la direction qu'il marquait sur l'instrument d'une quantité angulaire double de l'angle formé par la ligne d'appui avec l'horizontale.

112. Ce théorème, qui porte le nom de PRINCIPE DU RETOURNEMENT, est d'un usage continuel dans le nivellement.

Son application au niveau à perpendicule est fort simple. Si la ligne de foi est à trouver, on marque successivement les points I, I', et le point R, milieu de II', appartient à la ligne de foi.

On reconnaît par là si un niveau donné est juste

ou non. Dans le cas où il ne l'est pas, on le rectifie, soit en changeant le tracé de la ligne de foi, soit en faisant varier la longueur des pieds **P**, **Q**.

III. *Du niveau à bulle d'air.*

Description et propriétés de ce niveau.

Fig. 23.   **113.** Cet instrument consiste dans un tube de verre de forme cylindrique, presque entièrement rempli d'un liquide et fermé hermétiquement à ses deux bouts, de manière à laisser un petit espace occupé par une bulle d'air ou absolument vide. Si la capacité intérieure était parfaitement cylindrique, il se formerait, dans le tube disposé horizontalement, une ou plusieurs bulles d'air ou de vide le long de la génératrice supérieure; et, pour peu qu'on l'inclinât, on verrait ces bulles glisser aussitôt et se réunir vers le point le plus élevé.

Par conséquent, on serait certain de l'horizontalité du tube si l'on parvenait à faire stationner la bulle en un point quelconque de sa longueur; mais cela offrirait beaucoup de difficulté, parce que l'inclinaison nécessaire pour forcer la bulle à partir de l'un des bouts la ferait presque toujours aller jusqu'à l'autre.

114. Pour éviter cet inconvénient, on donne au tube une légère courbure dans le sens de sa longueur, de manière que le milieu soit plus élevé que les extrémités : alors la bulle devient plus courte, et la tangente à la courbure intérieure est horizontale au point où elle s'arrête. Par conséquent, si l'on fixe extérieurement au tube une règle parallèle à la tangente menée en son milieu, il suffira d'amener la bulle en ce point pour que la règle devienne elle-même horizontale. Tel est l'instrument qu'on appelle *niveau à bulle d'air,* et dont l'invention est due à THÉVENOT (*).

115. La sensibilité de ce niveau est d'autant plus grande que la courbure du tube est moins prononcée. On peut la mesurer par le déplacement qu'éprouve la bulle pour une inclinaison donnée ; ainsi on dira que la bulle marche de la longueur s par chaque seconde de degré.

R étant le rayon de courbure du tube, on a, pour cette sensibilité, $s = \dfrac{\pi R}{648000} = 0.000004848R$, et réciproquement $R = 206265s$. Elle est égale à celle d'un perpendicule de longueur R. Pour $s = 0^m.0005$, on a $R = 103^m.132$. La valeur de R varie considérablement d'un instrument à l'autre.

116. Les tubes qu'on emploie pour faire les niveaux ordinaires en usage dans les ateliers, sont mis en œuvre tels qu'ils sortent des verreries, sans autre soin que de les choisir parmi les plus droits. Mais cela ne suffit pas pour les opérations de haute précision. Leur capacité intérieure n'est presque jamais parfaitement symétrique de part et d'autre du point milieu, de sorte que si l'on dispose un de ces niveaux

(*) Voyez la note IV, à la fin du volume.

horizontalement sur un appui fixe, et que la température de l'air vienne à changer, la dilatation où la contraction du liquide diminuera ou augmentera la longueur de la bulle, et celle-ci ne restera pas exactement au milieu du tube ; elle s'allongera ou se raccourcira plus d'un côté que de l'autre.

117. C'est l'ingénieur français DE CHÉZY (*) qui, le premier, a trouvé les moyens de travailler l'intérieur des tubes et d'en faire disparaître les moindres irrégularités. Par les procédés qu'il a enseignés, on parvient à leur donner une courbure aussi parfaite que celle des verres des télescopes, et l'on peut régler cette courbure de façon à obtenir le degré de sensibilité qu'on désire. Il y a des tubes où la bulle marche de 2 et même de 3 millimètres par chaque seconde de degré d'inclinaison, ce qui répond à un rayon de 413 à 619 mètres.

On a reconnu que pour la pratique du nivellement une aussi grande sensibilité serait plus nuisible qu'utile *. Il est rare qu'on se serve, ailleurs que dans les observatoires, de niveaux dont le rayon de courbure s'élève à plus de 60 mètres.

118. Il est nécessaire que le liquide renfermé dans le tube puisse résister aux plus grands froids sans perdre sa fluidité; l'eau ordinaire n'est donc point propre à cet usage. Le liquide généralement adopté est l'alcool ou l'éther, qui réunit à l'avantage

(*) Mémoires présentés par les savants étrangers à l'Académie des sciences, tome V, année 1768, p. 254.

d'une extrême mobilité, celui de ne jamais geler; l'expérience a fait reconnaître qu'on obtient ainsi une bulle plus épaisse et moins longue, dont l'œil discerne plus facilement les limites.

119. Pour rendre l'usage du tube plus commode, on le renferme dans une garniture ou boîte cylindrique de cuivre, échancrée par-dessus, qui ne laisse à découvert que sa partie moyenne, où est le point que la bulle doit atteindre pour indiquer l'horizontalité de la règle inférieure. Dans les instruments construits avec soin, une échelle de division gravée sur le verre même, et quelquefois sur les bords de la garniture, permet de reconnaître si le milieu de la bulle coïncide bien avec ce point et d'apprécier avec exactitude ses moindres écars.

120. L'ensemble du tube et de sa garniture, monté et fixé solidement sur une règle de métal dont la face inférieure doit être horizontale lorsque la bulle s'arrête au milieu du tube, forme le niveau à bulle d'air simple; il remplace avec avantage le niveau de maçon ou de charpentier, et sert dans les opérations délicates. C'est, par exemple, avec ce niveau qu'on assure l'horizontalité d'un billard, etc. Pour ces applications, il faut que la bulle ne quitte point le milieu du tube, dans quelque direction qu'on le tourne.

121. Afin de pouvoir le rectifier au besoin, on fixe la garniture du tube sur la règle inférieure au moyen d'une charnière r et d'une vis v, avec la- Fig. 24.

quelle on peut l'élever ou l'abaisser jusqu'à ce que le parallélisme voulu soit établi.

122. Pour opérer cette rectification, il faut appliquer le principe du retournement *. Posez à cet effet le niveau sur une règle bien dressée et suffisamment rigide, horizontale ou non; élevez ensuite peu à peu l'une de ses extrémités de manière que la bulle s'arrête à ses repères. Il est bien clair, si l'instrument est juste, que la règle sera devenue horizontale; donc en le retournant bout pour bout, la bulle devra revenir à ses repères. Si c'est le contraire qui arrive, vous serez averti par là que le niveau est inexact. Alors, sans le déranger de nouveau, tournez la vis de rappel jusqu'à ce que la bulle se retrouve au milieu du tube, et comptez le nombre de tours qu'il aura fallu faire pour cela ; faites enfin, en sens contraire, *moitié* de ce nombre de tours, et le niveau sera rectifié, du moins à peu de chose près.

123. Cette opération doit être recommencée et le même procédé répété tant que le niveau retourné bout pour bout ne conserve pas la bulle exactement entre ses repères. Comme on ne peut apprécier qu'approximativement de combien on a tourné chaque fois la vis de rappel, la rectification n'est complète qu'après plusieurs épreuves successives. Dans les dernières, le chemin que la bulle doit parcourir pour arriver au milieu du tube étant susceptible d'être mesuré, on n'a plus qu'à tourner la vis dans un seul sens, jusqu'à ce que la bulle en ait fait la moitié.

IV. *Du niveau à bulle d'air et à pinnules.*

Description et usage de ce niveau.

124. Sur une règle **AB** sont adaptées deux pin- Fig. 25.
nules **C**, **D**, et une bulle d'air **M**. Tout ce système
est porté sur une règle inférieure A'B'; une charnière
en **B'** et une vis butante en **A'** permettent de le rap-
procher ou de l'éloigner, et d'amener la bulle entre
ses repères. La règle **A'B'** est elle-même fixée au
moyen d'une douille conique sur la tige d'un trépied.

125. Chacune des pinnules est percée d'une ouverture garnie de deux fils très-déliés, qui se croi-
sent à angle droit, et pourvue, en outre, d'une plaque
amovible pouvant la masquer au besoin. Quand on
veut viser avec cet instrument, on ferme avec sa
plaque l'ouverture où s'applique l'œil, et alors elle
présente à l'observateur un fort petit trou circulaire
qui correspond à la croisée des fils. Le rayon dirigé
par ce trou et l'intersection des fils de l'autre pinnule
coïncide avec celui qui serait dirigé par les croisées
des deux pinnules, mais que l'œil ne pourrait reconnaître aussi bien sans le secours des plaques qui
servent de visières.

126. Lorsque le rayon visuel ainsi déterminé est
parallèle à l'horizontale de la bulle, cet instrument
peut servir à niveler. On se place dans l'alignement
des deux points dont on veut comparer les hauteurs,
et, après avoir amené la bulle entre ses repères en

tournant la vis V, on donne des coups de niveau alternativement dans les deux directions CD, DC.

Vérification et rectification.

127. Avant de faire usage de ce niveau, il faut le vérifier et le rectifier. A cet effet, on choisit deux points a, b, et l'on se place exactement au milieu de l'alignement ab. La bulle étant au milieu de son tube, donnez des coups sur chacun de ces points, vous obtiendrez deux cotes $a'a$, $b'b$; faites ensuite décrire à l'instrument un angle de 180°, ramenez la bulle à ses repères, et donnez de nouveaux coups $a''a$, $b''b$. Si ces dernières cotes et les deux premières diffèrent chacune à chacune de la même quantité, le niveau sera juste, et la différence observée égale à l'écartement ou au rapprochement des deux règles AB, A'B', suivant l'axe de la douille, qui aura eu lieu en passant d'une position à l'autre.

128. Si, au contraire, l'instrument a besoin d'être rectifié, on y procédera en faisant usage des moyens dont il doit être pourvu dans ce but, et qui consistent dans une vis de rappel adaptée au tube de la bulle, ou dans la faculté d'élever ou d'abaisser le système des fils croisés et de la plaque de visière de l'une des pinnules. Ces fils et cette plaque sont alors portés sur un châssis qui peut monter ou descendre.

129. Quel que soit celui de ces deux moyens que vous avez à votre disposition, marquez au-dessus des points a, b deux autres points a_o, b_o qui soient de

niveau entre eux, ce qui est bien facile, car les droites $a'b'$, $a''b''$ étant également inclinées à l'horizon, les cotes $\dfrac{aa' + aa''}{2}$, $\dfrac{bb' + bb''}{2}$ appartiennent à des points de même hauteur. Cela fait, corrigez la direction de visée, de manière à lui faire parcourir, sur l'une des verticales $a_0 a$, $b_0 b$, la moitié de la différence entre $a''a_0$ et $b''b_0$, vous aurez ainsi un nouveau rayon $a'''b'''$; si vous le corrigez lui-même de la moitié de la différence entre $a'''a_0$ et $b'''b_0$, et que vous répétiez encore cette épreuve, vous parviendrez bientôt à une rectification complète.

130. Dans le cas où l'on se sert, pour cette opération, de la vis de rappel de la bulle, il faut avoir soin de ramener ensuite celle-ci entre ses repères en tournant la vis à caler V, et l'ensemble de ces deux mouvements consécutifs doit faire parcourir au rayon de visée précisément les demi-différences entre $a''a_0$ et $b''b_0$, $a'''a_0$ et $b'''b_0$, etc. Par suite, on réduit chacun de ces mouvements en particulier à corriger *une moitié* de la demi-différence observée.

131. REMARQUE. J'ai supposé que les points a'', b'', etc., tombent au-dessous de a_0 et b_0; s'ils étaient, au contraire, de côtés différents par rapport à la ligne $a_0 b_0$, ce ne serait plus la demi-différence des longueurs $a''a_0$, $b''b_0$, mais leur demi-somme qui mesurerait la déviation du rayon de visée.

132. Il y a une autre méthode de rectification, dont je parlerai plus loin *. L'avantage de la précé- * 178.

dente est de permettre d'opérer d'une seule station, sans avoir à déplacer le niveau. Elle est d'ailleurs d'une application plus facile, car elle se réduit à donner des coups de niveau alternativement sur deux points également éloignés, c'est-à-dire dans les circonstances les plus favorables.

Observations sur la construction du niveau à pinnules.

133. La méthode que je viens d'expliquer est appropriée au système de construction le plus ordinaire du niveau à pinnules. Ce système est vicieux, en ce qu'il ne maintient pas le rayon de visée dans un même plan horizontal, lorsqu'on lui fait décrire un tour d'horizon; à cause de cela, il est nécessaire, pour niveler deux points, de se placer dans l'alignement qu'ils déterminent.

134. Cependant on pourrait s'en dispenser et donner d'une même station des coups de niveau dans tous les sens; il faudrait seulement tenir compte des variations de hauteur du rayon de visée, ce qui est très-facile, car elles sont mesurées par la quantité *Fig. 25.* dont les règles **AB**, **A'B'** s'écartent ou se rapprochent suivant la ligne pq qui correspond à la douille. Il suffira donc d'y appliquer une petite échelle, et de retrancher de chaque coup la distance pq. Moyennant cette précaution, les résultats obtenus seront les mêmes que si la règle **AB** pivotait à l'extrémité de la douille, sans l'intermédiaire de **A'B'**.

135. A la vérité, les écartements ainsi mesurés

étant presque toujours un peu obliques relativement à la verticale, leurs variations ne sont pas rigoureusement égales aux variations de hauteur du rayon de visée; mais l'erreur est insensible, lorsqu'on a l'attention de disposer la tige du trépied dans une situation à peu près verticale, c'est-à-dire que l'on juge telle à la simple vue *. * 104.

136. Pour éviter ces sujétions, on a fait des niveaux où la règle AB, qui porte la bulle, est montée sur un pivot semblable à celui qui tourne dans la boule du genou à coquille. On peut rendre ce pivot vertical par le jeu de plusieurs vis à caler, avec toute la précision que comporte la sensibilité de la bulle.

137. L'une des dispositions imaginées dans ce but consiste à introduire le pivot de la règle AB dans une douille DD', qui adhère à un plateau PP'; celui- Fig. 26. ci est mobile en P au moyen d'une charnière supportée par deux pieds p (vus ici de profil), et d'une vis à caler V. Les pieds p, et le bout v de la vis V, portent sur un second plateau QQ', mobile lui-même au moyen d'une charnière que supportent deux pieds q, q', pareils à p (vus ici de face), et d'une seconde vis à caler V'. Le bout v' de cette dernière s'appuie et les pieds q, q' sont fixés sur le chapeau RR' de la douille ordinaire U, qui reçoit la tige du trépied.

Le plateau QQ' est évidé dans son milieu pour laisser passer le corps de la douille DD'

Les deux charnières de ce genou sont perpendiculaires l'une à l'autre ; cette disposition est plus avantageuse que toute autre dans laquelle l'angle des charnières serait aigu ou obtus.

138. Quand on veut rendre le pivot vertical, on amène la bulle dans une direction perpendiculaire à l'une des charnières, **P** par exemple ; on tourne la vis **V** jusqu'à ce qu'elle s'arrête au milieu de son tube ; on fait ensuite décrire à l'instrument un angle de 180° autour du pivot, et on ramène la bulle entre ses repères, moitié avec la vis de rappel placée à l'extrémité de son tube, moitié avec la vis à caler **V**. Par cette épreuve répétée autant de fois qu'il est nécessaire, on parvient à faire en sorte que la bulle revienne à sa position normale après avoir fait tourner l'instrument de 180°. Son horizontale est alors perpendiculaire à la direction du pivot.

On place ensuite la bulle perpendiculairement à la seconde charnière, et avec la vis **V′** on la conduit au milieu de son tube.

Alors le pivot est vertical, car il est perpendiculaire à la fois à deux horizontales non parallèles.

139. REMARQUE. J'ai supposé qu'on a le moyen de faire décrire à l'instrument un angle précisément de 180° ; or on n'obtient ce résultat qu'à peu près ; il s'ensuit que la première partie de la rectification devient fort difficile à mesure qu'elle approche d'être complète. Afin d'éviter de perdre du temps, il faut, aussitôt qu'elle cessera de faire des progrès, passer

immédiatement à la seconde partie, pour revenir à la première, qui n'offrira plus de difficulté, et enfin reprendre la seconde pour la compléter à son tour.

La raison de ce procédé est aisée à comprendre. L'horizontale de la bulle, supposée perpendiculaire au pivot, se meut, tant que l'on n'a pas touché à la vis V', dans un plan incliné. La bulle ne s'arrête donc entre ses repères que pour une direction unique, et pour peu que l'on s'en écarte, elle s'éloigne dans un sens ou dans l'autre, d'autant plus que l'inclinaison du pivot est plus forte. Si donc, après avoir obtenu une perpendicularité à peu près complète de l'horizontale de la bulle sur l'axe du pivot, on s'en sert ensuite pour faire disparaître une partie de cette inclinaison, les opérations ultérieures cessent d'être contrariées et deviennent faciles à compléter.

140. On a construit un autre genou qui consiste dans une douille évasée et ouverte par le haut, dans le fond de laquelle est emprisonnée la boule d'un genou à coquille. Une tige creuse, adhérente à cette boule, reçoit le pivot qu'il s'agit de rendre vertical. Quatre vis traversant la partie supérieure de l'évasement, suivant deux diamètres perpendiculaires entre eux, saisissent cette tige entre leurs extrémités. La partie qui supporte ainsi la *butée* des vis a la forme d'un prisme carré, d'où il résulte qu'en desserrant l'une d'elles et serrant la vis opposée, les faces de ce prisme, pressées par les deux autres, glissent entre elles. Par ce moyen, on peut incliner le pivot dans

les deux sens, et le rendre parfaitement vertical. Ce mécanisme est fixé sur une douille ordinaire qui reçoit la tige du trépied.

La manière d'en faire usage pour régler le niveau se comprend sans peine.

141. Les deux mécanismes que je viens de décrire ne sont pas les seuls que l'on ait imaginés dans le but de rendre un axe parfaitement vertical; il en existe beaucoup d'autres, qui conviennent plutôt aux instruments de haute précision qu'au niveau à pinnules dont les opérations doivent être rapides.

Ajoutons que ces mécanismes, quelque parfaits qu'ils soient, ne sont cependant presque jamais tels que la bulle reste entre ses repères pour toutes les directions de visée. Par suite, il faut, à chaque coup de niveau, toucher encore aux vis, pour rendre le rayon de visée horizontal.

142. Cet inconvénient a préoccupé quelques personnes qui ont proposé d'y remédier par de nouvelles dispositions. Mais il vaut mieux le subir que de rechercher des moyens presque toujours dispendieux. Le seul perfectionnement qui convienne au niveau à pinnules consiste à le monter sur un genou qui permette de rendre l'axe de la douille presque vertical, sans le secours de vis de rappel. On sait * que les variations de hauteur du rayon de visée sont alors tout à fait négligeables. Le genou dit de Cugnot, décrit dans les traités d'arpentage, satisfait à cette condition.

* 104.

143. Je terminerai par mentionner, parmi les dispositions propres à remplir le même but, le genou décrit par M. le chef de bataillon du génie Le-blanc (*). Il consiste dans une douille V qui reçoit Fig. 27. la tige du trépied ; au-dessus est fixé solidement un bâti portant d'un côté un axe E, et de l'autre une pince F qu'on peut serrer en tournant une vis T. Autour de E tourne une tablette GH à laquelle adhère la douille D où se meut le pivot. Du bord H, un plateau descend jusqu'à la pince F.

Lorsqu'on veut installer l'instrument, on place la bulle parallèlement à l'axe E, et on tourne la douille V jusqu'à ce qu'elle accuse l'horizontalité ; on fixe cette douille avec une vis de pression S, et, après avoir ensuite disposé la bulle perpendiculairement à E, on fait basculer le système supérieur jusqu'à ce que la bulle soit ramenée entre ses repères ; enfin on serre la vis T, et le niveau est en état de servir.

Cette explication suppose que l'horizontale de la bulle a été rendue préalablement perpendiculaire au pivot, ce qui est facile, si l'on a eu soin de repérer d'avance l'écartement des règles AB, A'B'.

144. La portée du niveau à pinnules n'est guère plus grande que celle du niveau d'eau, à cause de l'ouverture que l'on est obligé de donner aux visières, et de la grosseur que les fils croisés doivent conserver pour être aperçus par l'œil de l'observateur.

(*) *Mémoire sur le levé expéditif d'une position militaire.*

V. *Du niveau à bulle et à lunette.*

Description et mécanisme de cet instrument.

145. Ce niveau se compose d'une règle ou traverse AB, mobile autour d'un pivot G, dont l'axe
peut être rendu vertical par le jeu de vis à caler*;
aux extrémités A, B s'élèvent les montants AC, BD,
évidés pour recevoir le corps cylindrique d'une lunette EF. Une bulle M, dont l'horizontale est rendue
perpendiculaire à l'axe de pivot G, sert à régler tout
l'instrument.

146. La lunette reçoit en E les rayons lumineux
partis de l'objet qu'on examine; ils traversent un
verre ou plutôt un assemblage de verres appelé
l'*objectif,* sont réfractés à l'intérieur, et vont former
une *image renversée* de cet objet.

Cette image est fort petite; on la regarde au moyen
d'un appareil grossissant placé en F, que l'on nomme
l'*oculaire.* Elle est amplifiée, mais son renversement
n'est pas détruit, léger inconvénient auquel on s'ha-
bitue bien vite dans la pratique. On pourrait le faire
disparaître, et voir les objets dans leur situation naturelle, c'est-à-dire droits, mais alors les images
seraient moins claires.

147. Entre l'objectif et l'oculaire est disposé un
anneau désigné sous le nom de *réticule* ou *porte-fils,*
à cause de deux fils très-fins, comme ceux de l'a-
raignée ou du ver à soie, tendus suivant deux dia-

mètres perpendiculaires de cet anneau. Leur point de croisement sert de repère à l'image du point de mire. Ordinairement l'un de ces fils est horizontal.

148. TIRAGE DE L'OCULAIRE ET DU PORTE-FILS. La distance de l'image à l'objectif varie avec l'éloignement du point de mire ; c'est pourquoi le porte-fils est fixé à un tube qui s'engage dans le corps de la lunette, et peut en sortir ou y rentrer autant qu'il le faut, pour amener le plan de fils à coïncider avec l'image. Un tube plus petit, dans lequel est l'oculaire, glisse à frottement dans celui du porte-fils.

149. L'observateur, quand il veut pointer la lunette sur la mire ou sur tout autre objet, applique l'œil à l'oculaire, et tire d'abord plus ou moins cette partie de l'instrument, jusqu'à ce qu'il aperçoive les fils le plus distinctement possible et sans fatigue. Dans cette première opération, les *myopes* rentrent l'oculaire, tandis que les *presbytes* le sortent plus que les personnes dont les yeux n'ont aucun défaut de conformation.

L'observateur fait ensuite mouvoir à la fois, comme s'ils ne formaient qu'une seule pièce, le tube du porte-fils et celui de l'oculaire, jusqu'à ce que l'image de la mire ou de l'objet examiné soit d'une parfaite netteté.

150. **REMARQUE.** Il est indispensable que l'image du point de mire coïncide rigoureusement avec la croisée des fils, autrement le pointé serait illusoire. Pour vérifier si cette condition est remplie, on re-

garde l'image aussi obliquement que le permet la grandeur du trou de l'oculaire; il faut qu'elle paraisse coïncider avec les fils lorsque l'œil est porté à droite ou à gauche, élevé ou abaissé. Si, au contraire, elle semble s'en séparer, c'est une preuve que la coïncidence voulue n'existe pas et que l'image est à une distance appréciable du plan des deux fils. On modifie alors légèrement le tirage, et, après quelques tâtonnements, on parvient à le fixer au point convenable.

151. Centrage de la lunette. Supposons que le prolongement de l'axe de figure du corps de la lunette passe par le point de mire. Si les centres de courbure de verres de l'objectif étaient sur cet axe, l'image de ce point y serait aussi, et en faisant tourner la lunette autour de cet axe elle demeurerait immobile; mais les instruments où les choses se passent de la sorte sont fort rares, l'image tombe presque toujours à une petite distance de l'axe, et décrit un petit cercle pendant la rotation de la lunette.

Malgré ce défaut on peut, au moyen de deux vis **K, K'**, amener la croisée des fils sur l'image, et alors elle l'accompagne dans son mouvement, puisque les circonférences des cercles que l'une et l'autre décrivent autour de l'axe ont un point de commun et le même centre. On dit alors que la lunette est **centrée**, expression dont le sens exact est que le *prolongement de l'axe du corps de la lunette passe par le point de mire.*

Si donc cet axe est rendu horizontal, le centre du voyant amené sous la croisée des fils, tombera dans son prolongement.

152. Centrage obtenu par un seul fil. Supposons maintenant que cet axe prolongé ne passe plus exactement par le point de mire, mais *rencontre l'horizontale menée par ce point parallèlement au plan des fils*. L'image de cette droite sera constamment horizontale pendant la rotation de la lunette, et deux quelconques de ses positions répondant à un angle de 180° ou à un demi-tour, s'écarteront également de l'axe. Par conséquent, si l'on fait couvrir cette image, ou, ce qui revient au même, celle du point de mire par le fil horizontal, ce fil la couvrira encore après une demi-révolution de la lunette.

De là résulte un centrage partiel qui suffit pour les opérations de nivellement, car l'axe et l'un des fils étant horizontaux, tous les points couverts par ce dernier seront dans le plan horizontal mené par l'axe.

153. Dispositions relatives a l'axe de la lunette. Afin qu'il demeure immobile pendant qu'on la fait tourner, elle s'appuie sur ses étriers par deux anneaux travaillés avec le plus grand soin, dont les surfaces extérieures doivent appartenir à un même cylindre, ayant pour axe de figure celui de la lunette.

Chacun de ces anneaux est accompagné d'un bourrelet ou rebord saillant, servant à garantir la lunette de tout mouvement d'avance ou de recul. L'artiste a dû s'attacher à faire *que son axe demeure immobile quand on la fait tourner sur elle-même , et coïncide avec sa première position lorsqu'on l'enlève de ses étriers et qu'on l'y remet retournée bout pour bout.*

Enfin cet axe est mobile dans son plan vertical au moyen d'une vis H qui sert à élever ou abaisser l'un des étriers, et, par conséquent, à faire varier l'angle compris entre les directions de la lunette et du pivot.

154. DISPOSITIONS RELATIVES A L'HORIZONTALITÉ DE L'UN DES FILS. On assure cette horizontalité en fixant sur le corps de la lunette deux goujons saillants, qui viennent buter contre les pointes de deux vis que portent les faces des étriers; il suffit de la faire tourner sur elle-même de gauche à droite (*), par exemple, jusqu'à ce que l'on sente cet arrêt, pour amener le fil dans une position parfaitement déterminée, qu'on a eu soin d'avance de rendre horizontale. Les arrêts sont disposés de telle façon qu'en tournant ensuite la lunette en sens contraire, de droite à gauche, le même fil redevient horizontal, après avoir décrit un angle de 180°, comme si on le retournait bout pour bout.

Il faut que l'horizontalité de ce fil ne soit pas détruite quand la distance du point de mire venant à changer, le tirage du porte-fils doit changer aussi.

(*) Tourner de gauche à droite ou de droite à gauche, c'est tourner comme une vis qu'on enfonce ou qu'on retire. Les aiguilles d'une montre et leurs pivots tournent de gauche à droite.

A cet effet, on fixe sur son tube un goujon ou simplement une tête de vis saillante qui se meut dans
une fente longitudinale du corps de la lunette, et ne
peut prendre aucun mouvement latéral.

155. CONDITIONS QUE DOIT REMPLIR L'INSTRU-
MENT POUR SERVIR A NIVELER. Au moyen des dispositions précédentes, on est à même

1° De rendre l'axe du pivot perpendiculaire à
l'horizontale de la bulle ;

2° De rendre l'un des fils horizontal ;

3° De centrer la lunette par rapport à ce fil ;

4° Et de rendre son axe de figure perpendiculaire
à celui du pivot.

Lorsque ces quatre conditions sont remplies, l'axe
de la lunette est une horizontale qu'on peut diriger
dans tous les sens pour donner des coups de niveau ;
il suffit, pour cela, de faire hausser ou baisser le
voyant jusqu'à ce que sa ligne de foi ou son centre
soit aperçu dans la ligne marquée par le fil horizontal.

156. On remarquera que le niveau, une fois mis
en état de servir, le sera encore quand on l'aura
transporté à une nouvelle station, dès que le pivot
sera rétabli dans la verticale ; car les 2ᵉ, 3ᵉ et 4ᵉ conditions ne cesseront pas d'être remplies.

Toutefois le centrage pourra ne plus subsister
lorsque la distance de la mire, pour laquelle on
l'aura obtenu, changera. Cette circonstance mérite
beaucoup d'attention, et motive des procédés parti-

culiers de nivellement, dont je parlerai après avoir expliqué comment on parvient à satisfaire à toutes les conditions d'exactitude énoncées ci-dessus.

Vérifications et rectifications.

157. Rendre l'horizontale de la bulle perpendiculaire a l'axe du pivot. Placez son tube dans la direction de l'une des vis à caler du genou. Tournez cette vis jusqu'à ce que la bulle soit entre ses repères, puis faites décrire à tout l'instrument un angle de 180° autour du pivot. Si la bulle revient à ses repères, c'est une preuve que la perpendicularité demandée existe. Dans le cas contraire, corrigez la déviation observée moitié avec la vis du genou, moitié avec la vis de rappel de la bulle. Répétez cette épreuve jusqu'à ce que toute déviation ait disparu. Enfin placez le tube de la bulle dans la direction de la deuxième vis du genou, et tournez cette dernière jusqu'à ce que la bulle s'arrête entre ses repères; alors la rectification sera complète.

Ce procédé est le même que celui du n° 138, et les indications du n° 139 lui sont applicables.

158. Remarque. Lorsque le niveau est porté par trois vis à caler, on dispose la bulle d'abord parallèlement à deux d'entre elles, puis dans la direction de la troisième.

159. Rendre horizontal l'un des fils du réticule. Visez un point bien distinct qui tombe sous le fil; si vous faites tourner l'instrument autour du pivot rendu d'abord vertical, et que ce fil soit horizontal, il ne cessera pas de couvrir le même point, tant que vous l'apercevrez. Dans le cas contraire, ce point quittera le fil et s'en éloignera Pour corriger ce défaut, faites tourner la lunette autour de son axe de figure, après avoir retiré autant qu'il est nécessaire les vis butantes fixées aux étriers, et cherchez par le tâtonnement une position où le fil soit bien horizontal; enfin, quand vous y serez parvenu, tournez les vis des étriers jusqu'à ce qu'elles touchent les goujons d'arrêt formant saillie sur le corps de la lunette.

160. **Centrer la lunette.** Faites poser une mire à la portée ordinaire du niveau et amener le centre du voyant sous le fil. Si, après avoir tourné la lunette de 180° autour de son axe de figure, ce même fil couvre encore le centre du voyant, le centrage voulu existera, sinon il faudra tourner la vis du réticule de manière à corriger la moitié de l'écart observé, et répéter cette épreuve jusqu'à ce que le centrage soit parfait.

Si l'on voulait centrer la lunette relativement à l'autre fil, on lui appliquerait le même procédé, soit en visant une droite verticale, soit en visant une horizontale après avoir fait faire un quart de tour à la lunette. Il faudrait déranger momentanément les vis de butée des étriers.

161. **Rendre l'axe de figure de la lunette perpendiculaire a celui du pivot.** Visez encore le

voyant d'une mire, à la portée ordinaire du niveau ; lorsque son centre tombera sous le fil horizontal, enlevez la lunette de ses étriers, et retournez-la bout pour bout, puis faites décrire à tout l'instrument un angle de 180°. Si, dans cette nouvelle position, le fil couvre encore le centre du voyant, la perpendicularité demandée existe. Dans le cas contraire, tournez la vis de l'étrier mobile jusqu'à ce que la moitié de l'écart soit corrigée, puis répétez l'épreuve de manière à le faire entièrement disparaître.

Il peut arriver qu'en suivant ces indications avec tout le soin convenable vous ne parveniez cependant jamais au but. Alors cela tiendrait à une petite inégalité que le constructeur aurait laissée subsister entre les diamètres des anneaux d'appui de la lunette. Il faudra faire roder le plus gros des deux.

162. REMARQUE. Cette rectification et la précédente sont susceptibles d'être abrégées en tenant note des hauteurs du voyant obtenues avant et après le retournement. On le place ensuite à une hauteur égale à la demi-somme de celles-ci, et on arrête le mouvement de la vis employée à la rectification, quand le fil couvre de nouveau le centre du voyant.

Méthode et niveau de M. Égault.

163. La lunette, ainsi qu'on l'a remarqué *, étant sujette à se décentrer, lorsqu'on modifie le tirage du porte-fils pour donner des coups de niveau sur des points inégalement éloignés, on a cherché les moyens

* 156.

d'opérer sans avoir à rétablir le centrage. **M. Égault,** ingénieur en chef des ponts et chaussées, s'est occupé de résoudre cette importante question, et a proposé la méthode suivante qui affranchit le niveleur non-seulement de la difficulté du centrage, mais aussi du soin de rendre l'horizontale de la bulle perpendiculaire au pivot.

164. On donne sur le point à niveler quatre coups répondant aux quatre positions de la lunette dans lesquelles le fil est horizontal. En commençant cette série de coups par l'une quelconque de ces positions, on la seconde en faisant décrire à la lunette un angle de 180° autour de son axe. La troisième résulte du retournement de la lunette bout pour bout, ce qui rend nécessaire de faire décrire au niveau tout entier un angle de 180° autour du pivot, pour replacer l'objectif du côté de la mire. Enfin l'on arrive à la quatrième position en faisant décrire à la lunette un nouvel angle de 180° autour de son axe.

La moyenne ou le quart de la somme des quatre coups est un nombre indépendant du défaut de centrage de la lunette, et à la fois de l'inclinaison de son axe à l'horizon.

Car OM' étant la première direction de l'axe, et Fig. 33. $O'm_1$ celle du rayon de visée déterminé par la lunette décentrée, la demi-révolution autour de l'axe, qui demeure immobile, amène le rayon de visée dans la position $O'm_2$ symétrique de $O'm_1$ relativement à OM'.

Le retournement de la lunette bout pour bout et

sa nouvelle demi-révolution autour de son axe donnent les rayons de visée $O''m_3$ et $O''m_4$ symétriques par rapport à OM'', nouvelle position de l'axe symétrique elle-même de OM' par rapport à l'horizontale OM ; donc $O'm_3$ et $O'm_4$ le sont aussi de $O''m_2$ et $O''m_1$. Il s'ensuit que l'on a $mM = \dfrac{mm_1 + mm_4}{2} = \dfrac{mm_2 + mm_3}{2} = \dfrac{mm_1 + mm_2 + mm_3 + mm_4}{4}$, ce qu'il fallait trouver.

On voit que la cote mM s'obtiendrait également par la moyenne, soit entre les deux coups extrêmes, soit entre les deux autres.

165. **REMARQUE.** Le retournement bout pour bout, dont il s'agit ici, est censé effectué de manière que le fil horizontal de la lunette ne cesse pas d'être parallèle à lui-même pendant tout le mouvement.

166. Cette démonstration suppose $1°$ qu'après le retournement de la lunette bout pour bout, son axe de figure coïncide avec sa direction première ; $2°$ qu'après la rotation de l'instrument autour de son pivot, cet axe est amené, relativement à l'horizon, dans une position symétrique de celle qu'il avait d'abord.

Pour que ces deux hypothèses soient vérifiées, il faut et il suffit que les anneaux par lesquels la lunette s'appuie sur ses étriers soient exactement de même diamètre, et qu'à chaque coup la bulle soit rappelée au milieu de son tube.

On admet encore que le pivot a été rendu à peu près vertical ; cela est indispensable pour que le plan passant par l'axe parallèlement au fil horizontal, rencontre le pivot sensiblement à la même hauteur *. * 104.

167. Afin de montrer quelles seraient les conséquences d'une inégalité entre les diamètres des anneaux, je les appellerai $2r_1$, $2r_2$. Soient aussi E la distance des étriers et X la portéc des coups, on trouve par le calcul que leur moyenne est affectée d'une erreur qui n'est jamais moindre que $\dfrac{2(r_2 - r_1) \times X}{E}$, et cette formule est indépendante de la hauteur des supports de la lunette.

168. Dans la plupart des niveaux, l'intervalle E entre les étriers n'est que de $0^m.25$; quelquefois il est un peu plus grand, mais ne s'élève guère au delà de $0^m.33$. La limite inférieure de cette erreur tomberait donc entre $8(r_2 - r_1) \times X$ et $6(r_2 - r_1) \times X$. Si l'on avait seulement $r_2 - r_1 = 0^m.00004$, et $X = 100^m$, les valeurs numériques de ces expressions seraient $0^m.008$ ou $0^m.006$. On voit que de très-petites différences entre les diamètres des anneaux peuvent influer considérablement sur la justesse des opérations.

169. La méthode de **M.** Égault exigeant que la lunette soit déplacée fréquemment, les chances d'erreurs de cette espèce sont fort nombreuses. Quand même on aurait un instrument parfait, le plus petit grain de poussière, la moindre couche d'oxyde formée sur le métal, l'user inégal produit par le frottement lorsqu'on fait tourner la lunette sur son

axe, etc., sont autant de causes qui rendraient cette perfection illusoire. Le seul moyen que l'on ait de s'y soustraire, c'est d'opérer en se plaçant à égale distance des points nivelés. Il ne faut pas oublier que cette précaution ne dispense de se préoccuper de la verticalité du pivot que dans les limites où l'on est assuré de ne pas trop changer la hauteur de l'axe de la lunette.

170. M. Égault ne s'est pas borné à faire connaître cette méthode; il a pris soin de rechercher, pour la construction même des instruments, les dispositions les plus commodes.

La description que j'ai donnée ci-dessus s'applique, à fort peu de chose près, au niveau qui porte le nom de cet ingénieur. Je la compléterai ici par quelques détails sur le genou qu'il a imaginé.

Fig. 28 et 29.   Ce genou est composé de deux plateaux qq', tt'. Au centre du premier, qq', est une cavité ou coquille dans laquelle est enfermée une portion de sphère fixée au sommet d'une tige qui adhère au centre du plateau inférieur tt'. Deux vis à caler V, V' traversent ce dernier et deux ressorts r, r', dont les points de butée contre le plateau supérieur déterminent avec les extrémités de ces vis deux diamètres rectangulaires, complètent ce système, dont l'usage pour rendre le pivot vertical se comprend à première vue.

171. Ce genou a son articulation à $0^m.045$ environ de distance de l'axe de la lunette; d'où il résulte que le changement e de hauteur de cet axe, quand

le pivot s'écarte de la verticale d'une fraction i de sa longueur, se réduit à $0.045 \dfrac{i^2}{2}$ ou $0.0225\, i^2$ *. * 103.

Pour $i = \frac{1}{10}$, cette formule donne $e = 0^m.000225$, quantité moindre que $\frac{1}{4}$ de millimètre.

Si la valeur de e était connue, on obtiendrait la limite correspondante de i au moyen de la formule $i = \sqrt{\dfrac{e}{0.0225}}$. Je suppose que l'on veuille restreindre à $\frac{1}{10}$ de millimètre la plus grande variation de hauteur de l'axe de la lunette : il faudra faire $e^m.0001$, ce qui donne $i = \frac{1}{15}$.

172. On jouit donc, à cet égard, d'une fort grande latitude. Mais lorsque le pivot s'éloigne ainsi de la verticale, l'instrument n'est plus disposé de manière que l'un des fils soit horizontal au moment où les goujons de la lunette s'arrêtent par la rencontre des vis de butée fixées aux faces des étriers *. La dé- * 154. viation qu'il éprouverait ayant précisément pour limite la fraction i relative au pivot, on voit qu'en faisant couvrir l'une des extrémités d'une ligne de foi horizontale longue de $0^m.30$ par un point de ce fil, l'autre extrémité s'en écarterait de $0^m.02$ pour $i = \frac{1}{15}$. L'écart serait encore de $0^m.004$ pour $i = \frac{1}{300}$.

Or, dans les niveaux d'Égault, la bulle peut s'éloigner du milieu de son tube de 10 divisions de l'échelle sans que i dépasse $\frac{1}{600}$. Par conséquent, on sera certain d'avoir rendu le fil suffisamment horizontal, dès que les écarts de la bulle, dans le sens perpendiculaire au rayon de visée, se réduiront à un petit nombre de divisions de l'échelle.

Portée du niveau à bulle et à lunette.

173. Si l'on peut distinguer nettement des objets fort éloignés avec le secours d'une bonne lunette, il ne faut pas en conclure qu'il soit possible de niveler avec exactitude à d'aussi grandes distances. La portée des niveaux est bornée par la sensibilité de la bulle, laquelle dépend de la longueur du rayon R de courbure du tube qui la renferme *. En nommant X la distance du niveau à la mire, d l'erreur que l'on commet inévitablement dans l'appréciation de la position de la bulle, et e celle qui affecte par suite le coup de niveau, on a $e = \dfrac{\mathrm{X}d}{\mathrm{R}}$.

* 115.

174. Dans les instruments que l'on construit aujourd'hui, R est compris entre 10^{m} et 15^{m}, de sorte que pour $\mathrm{X} = 100^{\mathrm{m}}$, e est compris entre $10d$ et $6d + \frac{2}{3}d$. Cette erreur s'élèverait donc à $0^{\mathrm{m}}.004$ si l'on avait seulement $d = 0004$ ou $d = 00015$, précision qu'il n'est guère permis d'espérer. En général, on peut à peine évaluer l'erreur de chaque coup ainsi donné à moins de $0^{\mathrm{m}}.002$.

Quelques bulles sont renfermées dans des tubes dont le rayon R s'élève à 60 mètres, tels sont ceux de plusieurs instruments de géodésie. Alors on peut donner à 120 mètres un coup dont l'erreur se réduit à $0^{\mathrm{m}}.004$, en prenant $d = 0^{\mathrm{m}}.0005$.

Une sensibilité plus grande ne procurerait pas plus

de précision, attendu qu'il serait extrêmement difficile de rappeler la bulle exactement à ses repères,
et de l'y faire rester pendant la durée d'un coup de
niveau. Les bulles très-sensibles ne sont guère en
usage que dans les observatoires, ou dans les endroits qui permettent d'employer, pour l'installation
des instruments, des précautions particulières sur
lesquelles on ne doit pas compter pour les opérations
de nivellement proprement dites.

175. Quand on veut niveler avec beaucoup d'exactitude, il faut se restreindre à des portées telles que
les variations de la réfraction atmosphérique, qui
souvent ont lieu dans un très-court intervalle de
temps, ne soient pas à craindre. A 500 mètres de
distance, l'erreur de réfraction s'élève moyennement
à 0^m.0031, quantité dont les variations en plus ou
en moins, ajoutées aux erreurs inhérentes à l'instrument, rendent le coup très-incertain (*).

Une portée aussi considérable ne serait utile que
dans de rares circonstances, et on peut la regarder
comme une limite qu'il ne faut point dépasser. Ces
grands coups de niveau rencontrent d'ailleurs divers
obstacles, et ne sont possibles que dans des circonstances tout à fait exceptionnelles. Je reviendrai,
dans le troisième livre, sur la portée qu'il convient
d'adopter pour la pratique.

(*) M. FABRE, dans son *Traité du nivellement*, p. 67, conseille de
fixer à 200 mètres environ la plus grande portée des niveaux à bulle et
à lunette.

Observations sur la construction des niveaux à bulle et à lunette.

176. Ces niveaux ne sont parvenus que successivement à l'état de perfection où nous les voyons aujourd'hui. Les premiers étaient d'une construction compliquée et difficiles à manœuvrer. Je vais citer quelques exemples qui rendront sensibles les progrès faits par les artistes jusqu'à nos jours.

Fig. 31.   177. **Niveau a deux lunettes.** Cet instrument se compose d'un plateau ABCD qui porte deux lunettes parallèles EF, E'F', dirigées en sens contraires. Entre ces dernières est une bulle M. Les écrous H, H' sont destinés à incliner plus ou moins l'axe de chaque lunette sur le plateau.

On voit que le dispositif inférieur est à peu près semblable à celui que j'ai décrit à l'occasion des niveaux à pinnules *.

* 124.

178. Pour que ce niveau soit en état de servir, il faut que les axes des deux lunettes soient parallèles entre eux et à l'horizontale de la bulle.

La rectification à faire pour cela consiste à déterminer d'abord avec une des lunettes, EF, par exemple, deux points a', b' qui soient de même hauteur, sur les verticales aa', bb' *. On place ensuite l'instrument de manière que l'oculaire E soit dans la verticale aa'; je suppose qu'il se trouve en a_o. Sur bb', on détermine un point b_o tel que $b_o b' = a_o a'$, et que b_o tombe relativement à b' du même côté que a_o relativement au point a'. Alors a_o, b_o sont de niveau entre

Fig 36.

* 30.

eux, et en tournant l'écrou H, on amène le point b_0 sous le fil de la lunette (*). Si en même temps la bulle est entre ses repères, la lunette EF se trouve rectifiée.

La seconde lunette E'F' se rectifie d'une manière absolument semblable.

179. Il importe que les deux oculaires ou les deux rayons de visée soient exactement à la même hauteur. On y a pourvu, dans quelques niveaux, en disposant une seconde bulle M' en croix sur les deux lunettes. La position convenable de la tablette se trouve par le tâtonnement, et l'on règle cette seconde bulle de manière qu'elle soit alors entre ses repères.

180. Ce niveau exige que l'on se place pour opérer dans l'alignement des points à niveler pris deux à deux, sujétion extrèmement incommode. Le seul avantage qui en résulte est de pouvoir viser en avant et en arrière sans toucher à l'instrument.

Ce système, auquel avait sans doute donné lieu l'imitation du niveau à pinnules, n'est plus aujourd'hui qu'un simple objet de curiosité.

181. Niveau de Chézy. Cet instrument n'a Fig. 32. qu'une lunette, laquelle est susceptible de recevoir un mouvement de rotation autour de son axe, et

---

(*) Si la distance $a_0 b_0$ était assez considérable pour donner lieu à une différence appréciable entre le niveau apparent et le niveau vrai, il faudrait viser non b_0, mais un point élevé de cette différence même au-dessus de b_0.

d'être retournée bout pour bout. Le niveau de Chézy ne diffère presque des niveaux actuels que par la manière dont il est monté sur son pied.

La règle AB et tout le système qu'elle porte basculent ensemble autour d'un axe horizontal I placé en son milieu ; ce mouvement s'opère au moyen d'un arc PQ denté extérieurement, qui engrène avec la vis sans fin K, et glisse entre deux joues parallèles EI. La partie inférieure U, de forme conique, s'enfonce dans le pied ; c'est sur elle que pivote tout l'appareil, lorsqu'on le fait tourner avec la main pour pointer la lunette sur la mire ; ce mouvement, qui a reçu le nom de *mouvement prompt,* cesse quand on serre la vis T qui est attachée au pied de l'instrument, et sert à presser une portion de surface annulaire contre le haut de U. On imprime ensuite au niveau un mouvement plus doux au moyen de la vis sans fin R qui s'engrène avec la gorge du tambour M.

182. Ce dispositif permet évidemment de rendre l'axe de la lunette horizontal, et de faire toutes les vérifications et rectifications nécessaires. Mais on lui reproche de donner des rayons de visée qui ne sont pas dans un même plan horizontal quand on fait un tour d'horizon. En effet, si la tige n'est pas rigoureusement verticale, l'axe de la lunette changera de hauteur en même temps que son plan vertical changera de direction. Toutefois, si l'on a soin de faire en sorte que le pivot soit à peu près vertical, l'erreur sera presque nulle.

183. Pour fixer les idées sur ce point essentiel, je suppose que l'on veuille ne pas avoir à craindre au delà de l'erreur e, r étant la distance entre la charnière I et le plan horizontal qui passe par l'axe de la lunette. On trouve facilement que le pivot peut s'écarter de la verticale d'une fraction de sa longueur marquée par l'expression $\sqrt{\dfrac{2e}{r}}$.

Dans les niveaux de Chézy qui existent encore, le rayon r s'élève tout au plus à $0^m.075$; d'un autre côté, il est bien suffisant de réduire e à $\frac{1}{10}$ de millimètre. En substituant ces nombres aux quantités littérales, on obtient la limite $\sqrt{\dfrac{1}{375}}$ qui est comprise entre $\frac{1}{19}$ et $\frac{1}{20}$. Assurément il faudrait être bien maladroit pour ne pas s'apercevoir d'une déviation aussi forte; mais fût-elle quadruple, l'erreur ne s'élèverait guère qu'à $\frac{1}{2}$ millimètre. On voit par là combien les critiques dirigées contre cet instrument sont peu fondées.

184. La bulle a été fixée tantôt à la règle AB, tantôt à la lunette, ce qui ne change rien aux procédés indiqués pour la vérification et la rectification; seulement, comme le pivot n'est pas exactement vertical, ainsi qu'on vient de le voir, on ne peut plus se contenter de régler le centrage de la lunette par rapport à un seul fil, attendu qu'il ne serait pas horizontal dans toutes les directions. Le centrage du niveau de Chézy exige donc que l'on touche aux deux fils, et que leur point de croisement soit amené

exactement à coïncider avec l'image du point de visée. C'est là ce qui rend nécessaire le rappel qui s'effectue au moyen de la vis R.

Fig. 34.   **185. Niveau-cercle de Lenoir.** L'idée simple et ingénieuse de se servir d'un plateau horizontal pour diriger une lunette mobile a été réalisée par Lenoir, qui a composé ainsi un niveau fort estimé. Le limbe ou plateau circulaire AB est fixé sur une colonne G supportée par trois branches, dans chacune desquelles se meut une vis à caler.

Le corps EF de la lunette est engagé et fixé invariablement dans deux prismes carrés PP', QQ'; c'est par les faces parallèles de ces prismes qu'elle s'appuie sur le plateau AB. Au milieu de l'intervalle PQ sont deux tourillons S, T, dont l'un est reçu dans le centre évidé du plateau, et sert à maintenir la lunette dans le milieu de ce dernier.

La bulle est renfermée dans un niveau à bulle d'air simple, que l'on peut poser soit sur le limbe même, après avoir enlevé la lunette, soit sur les faces supérieures des prismes PP', QQ'. Alors il est maintenu par le tourillon supérieur qui entre dans un trou que présente le patin sur lequel la bulle est montée.

*122.   **186.** Pour mettre cet instrument en état de servir, on règle * d'abord le niveau à bulle d'air simple, en le posant sur le plateau dans la direction de deux des vis du pied, sans toucher à la troisième, puis on le pose dans la direction perpendiculaire et en manœuvrant cette dernière vis, on achève de rendre le plateau horizontal.

On s'assure ensuite que le fil de la lunette est aussi horizontal. Si cette condition n'est pas remplie, on desserre la vis ou les vis servant à guider le porte-fils. Celui-ci peut être alors tourné à droite ou à gauche de manière à corriger la déviation observée, et on le fixe dans la position convenable.

Le centrage s'obtient, soit par rapport à un seul fil, en posant la lunette alternativement sur les faces supérieures et inférieures des prismes PP', QQ', ce qui est suffisant, soit par rapport à tous les deux, en faisant usage des faces latérales des mêmes prismes.

187. Le plateau étant horizontal et la lunette centrée, il faut encore que l'axe de cette dernière soit lui-même horizontal. C'est ce qui aura lieu si les deux prismes PP', QQ' sont rigoureusement égaux, du moins en hauteur. Cette égalité se vérifie en posant la bulle sur leurs faces supérieures, et si elle reste au milieu de son tube comme lorsqu'on la pose directement sur le plateau, on est certain que le plan mené par l'axe est horizontal, et passe par le point visé.

188. Ce niveau est sujet à une imperfection très-grave : une fort petite inégalité entre les hauteurs des prismes PP', QQ' influe beaucoup sur la justesse des opérations, de même que dans les niveaux de Chézy et d'Égault *, et par suite il est nécessaire de * 168. se placer à égale distance des points à niveler.

On peut évidemment se dispenser de centrer la lunette pour chaque distance de la mire, en prenant la moyenne de deux coups sur chaque point.

Enfin lorsque la bulle s'écarte un peu de ses repères, en passant d'une direction à la suivante, on peut la rappeler en tournant celle des vis à caler du pied qui s'en rapproche davantage, sans que l'on ait à craindre de changer d'une quantité appréciable la hauteur du plateau ou du plan horizontal de visée.

189. **AUTRES NIVEAUX.** Les descriptions qui précèdent sont loin d'embrasser tous les instruments à bulle et à lunette qu'on a inventés pour niveler ; mais elles suffisent à faire connaître la manière de se servir de ceux qui sont le plus répandus.

Les autres niveaux n'existent, pour ainsi dire, qu'à l'état de modèles dans quelques cabinets. Cependant il y en a plusieurs (*) dont la construction repose sur des principes fort ingénieux, et dont l'étude fournirait aux artistes les moyens de remédier avec succès aux inconvénients que présentent encore les niveaux actuels.

VI. *Du niveau réflecteur.*

Principe et usage de ce niveau.

Fig. 35.   190. L'œil O voit dans un miroir plan AB son image O' à une aussi grande distance au delà de la surface AB qu'il en est lui-même éloigné par devant,

(*) Voir la note VI à la fin du volume.

et la droite OO' est perpendiculaire à cette surface. D'où il suit que si cette dernière est verticale, c'est-à-dire parallèle à la direction du fil à plomb, la ligne OO' sera horizontale.

Tel est le principe très-simple du niveau réflecteur. Le miroir **AB** de forme rectangulaire, large de $0^m.01$ à $0^m.02$ et haut de $0^m.02$ à $0^m.03$, est attaché à un petit pendule oscillant, et se tient vertical par la seule action de la pesanteur. Tout ce système est suspendu à la partie supérieure d'une boîte cylindrique portant une échancrure latérale qui découvre la surface réfléchissante. Cette boîte ouverte à sa partie inférieure, se fixe sur un pied ordinaire.

191. Pour niveler avec cet instrument, l'observateur se place de manière à voir par réflexion la prunelle de son œil au milieu du bord vertical du miroir, et en même temps la mire placée au delà. Il fait les signes nécessaires pour que la ligne de foi du voyant soit amenée exactement à la hauteur du centre de sa prunelle, et alors le coup de niveau est donné, car le plan mené par l'œil et par la ligne de foi contenant deux horizontales est lui-même horizontal.

192. Cette manière d'opérer exige que le miroir ait son bord vertical dépourvu d'encadrement. Le milieu de sa hauteur n'a pas besoin d'être marqué, attendu que l'observateur n'éprouve aucune difficulté à la déterminer, à la simple vue, avec toute la précision désirable.

Vérification et rectification.

193. Pour assurer la parfaite verticalité du miroir, lorsque le pendule qui le porte est en équilibre, l'instrument doit être pourvu de quelque moyen de déplacer, soit son centre de gravité, relativement au point de suspension, soit la surface réfléchissante elle-même. Je supposerai, pour fixer les idées, que cette dernière peut tourner autour de sa base, et s'incliner plus ou moins lorsque l'on fait mouvoir une vis de rappel placée à sa partie supérieure.

Le procédé le plus simple de vérification consiste à déterminer, avec l'instrument tel qu'il est, deux points de même hauteur en nivelant du milieu de leur distance *. On place ensuite l'instrument dans la verticale de l'un de ces points, et on fixe au-dessus de l'autre le voyant de la mire, à la hauteur du milieu du miroir. Si le niveau est juste, le prolongement de la ligne de foi paraîtra couper en deux parties égales l'image de la prunelle de l'œil. Mais si l'on observe une déviation, il suffira pour la corriger de tourner dans le sens convenable la vis placée au sommet du miroir.

Observations sur la construction du niveau réflecteur.

194. C'est à M. le colonel du génie BUREL qu'on doit l'invention du niveau réflecteur dont je viens de parler. Depuis l'année 1826 (*), époque à laquelle

30.

(*) Bulletin de la Société d'encouragement, août 1827, p. 275.

M. Burel l'a fait connaître, cet instrument a été construit avec tout le soin imaginable. Ainsi le pendule pouvait osciller dans deux directions perpendiculaires l'une à l'autre au moyen d'une suspension dite de CARDAN. Une ligne de foi était tracée sur le miroir, et il fallait que l'observateur fît coïncider l'image du centre de sa prunelle avec cette ligne. On avait ajouté à l'instrument un petit appareil ou frein destiné à ralentir les oscillations, etc.

Aujourd'hui on fait des niveaux réflecteurs bien plus simples. La suspension consiste dans un bout de ruban ou deux fils de soie parallèles, et la ligne de foi a été supprimée comme inutile, ainsi que le frein, que l'observateur remplace en arrêtant avec le doigt les oscillations du miroir (*).

195. Il serait superflu de donner ici plus de détails sur ces niveaux, attendu que l'expérience n'a pas encore indiqué, parmi tous les systèmes de construction essayés, celui qu'il convient de préférer. Je ferai remarquer seulement que l'on peut en faire un soi-même en fixant un morceau de miroir contre une plaque de plomb rectangulaire de $0^m.003$ à $0^m.004$ d'épaisseur et long de $0^m.05$ à $0^m.06$. On suspend cet appareil par le moyen de deux bouts de fil à la partie supérieure d'une boîte de fer-blanc, échancrée

(*) On peut consulter à ce sujet une note publiée par M. le chef de bataillon du génie Leblanc, et un article de M. Cousinery, ingénieur en chef des ponts et chaussées, inséré dans les *Annales* de ce corps, 1840, 2e semestre, p. 275.

latéralement, qui s'ajuste comme la douille du niveau d'eau sur le sommet d'un bâton. Pour régler la verticalité du miroir, on courbe plus ou moins le plomb dans le sens convenable.

196. L'idée d'appliquer le principe de la réflexion au nivellement n'est pas nouvelle. MARIOTTE avait inventé (*) un niveau fort ingénieux fondé sur ce même principe; il consistait dans un vase long et plat contenant de l'eau, dont la surface d'équilibre ab était horizontale. Les bords du vase, dans la direction du rayon de visée, étaient très-bas et garnis de cire, matière que l'eau ne mouille pas facilement, de sorte qu'elle pouvait s'élever d'une petite quantité au-dessus sans couler, comme cela arrive lorsqu'on remplit un verre à boire d'autant d'eau qu'il en peut contenir.

Une mire VT, vue par réflexion dans cette nappe horizontale, paraît en M′ autant au-dessous du prolongement de ab que M est au-dessus de cette même ligne. Par conséquent, si l'on y trace deux lignes de foi MN, mn, et que tenant l'œil à une petite distance de l'horizontale ab on fasse hausser ou baisser cette mire jusqu'à ce que la droite MN et sa réflexion M′N′ paraissent également éloignées de mn, cette dernière droite sera dans le prolongement de ab.

Les inconvénients de ce niveau se conçoivent sans peine, aussi n'est-il d'aucun usage. Cependant,

(*) Traités du nivellement de Mariotte et de Lespinasse.

comme il est très-facile à construire, les personnes qui n'ont pas de niveau peuvent en faire un de cette espèce et en tirer parti dans quelques circonstances.

VII. *De la mire.*

Description du voyant et observations sur sa construction.

197. Le voyant n'est autre chose qu'une planche de bois mince ou une plaque de métal ABCD de Fig. 39. forme rectangulaire, dont la face qui doit être présentée à l'observateur est divisée ordinairement en quatre rectangles égaux par les droites EG, FH, tirées entre les milieux des côtés opposés. Deux carreaux situés sur une même diagonale sont blancs, et les deux autres rouges ou noirs.

La ligne de foi résulte de l'opposition des couleurs, et se présente avec beaucoup de netteté. Le trait vertical a pour objet de fixer la portion de l'image qu'il faut faire couvrir par le fil vertical de la lunette.

198. Cette disposition, qui paraît bonne au premier abord, est cependant loin de pouvoir être considérée comme la meilleure que l'on pût adopter.

On a supposé que les fils de la lunette, s'ils ne couvrent pas exactement l'horizontale FH et la verticale EG rendues l'une et l'autre très-apparentes par le contraste des couleurs, se détacheront nécessairement en noir sur l'un des carreaux blancs situés de part et d'autre de chacune de ces droites. Pour que cela fût vrai, il faudrait que les fils n'eussent aucune épaisseur sensible, ce qui n'arrive jamais. L'image du voyant qui se forme dans le plan du réticule étant fort petite, l'épaisseur des fils, si fins qu'ils soient, peut en cacher une assez grande portion.

Nommons H la hauteur du voyant, h celle de son image, et D, f les distances du centre de figure de l'objectif à la mire et au réticule, on aura la formule très-approchée $h = \dfrac{fH}{D}$. Or, H surpasse rarement $0^m.20$. Quant à f, cette longueur peut s'élever à $0^m.45$ dans les plus grandes lunettes qui servent à niveler, mais elle est ordinairement beaucoup moindre. Ainsi, dans les modèles du niveau d'Égault réputés les meilleurs, on la trouve comprise entre $0^m.25$ et $0^m.30$. Quoi qu'il en soit, si l'on regarde $0^m.45$ comme une limite supérieure, celle de h sera $\dfrac{0.20 \times 0.45}{D} = \dfrac{0^m.09}{D}$.

199. On voit par là que l'image devient plus petite à mesure que la distance D augmente. A 90 mètres, h se réduirait à $0^m.001$. Quelque délié que soit un fil, sa grosseur deviendra nécessairement sensible sur une si faible hauteur, et cachera une portion appréciable du voyant. Cette épaisseur ne fût-elle que $\frac{1}{200}$ de millimètre, paraîtrait encore sur le voyant comme une bande de $0^m.001$ de largeur, et par conséquent il y aurait un peu d'incertitude sur la coïncidence de son milieu avec la ligne de foi. Or il n'est point rare que cette bande atteigne une largeur dix fois plus forte, et alors il devient impossible de

donner un coup de niveau sans s'exposer à faire une erreur de 0^m.04.

200. Pour échapper à cette incertitude, on a proposé (*) de tracer au centre du voyant un petit cercle blanc de 0^m.02 à 0^m.03 de diamètre. On juge que Fig. 40. le milieu du fil coïncide avec la ligne de foi lorsque les deux segments de l'image de ce cercle qui apparaissent au-dessus et au-dessous de la bande cachée par le fil, sont sensiblement égaux. C'est ce que l'œil apprécie avec beaucoup d'exactitude.

D'après cela, il y aurait lieu de remplacer les deux lignes de foi, horizontale et verticale, par un cercle blanc entouré d'un autre cercle noir. On pourrait aussi tracer sur le voyant, au lieu d'un cercle, deux bandes noires horizontales parallèles entre elles et le Fig. 42. milieu de la bande blanche de 0^m.02 à 0^m.03 de hauteur qu'elles détermineraient, servirait de ligne de foi (**).

201. Les mires que l'on construit pour servir avec le niveau d'eau ont leur voyant mi-parti noir et blanc, avec une ligne de foi horizontale. Fig. 43.

202. A la face postérieure du voyant est fixé un

(*) *Traité du nivellement* par Picard, note de la page 80.

(**) On a encore proposé de tracer sur le voyant ses deux diagonales, et de peindre en noir deux des angles opposés. Si les parties de l'épais- Fig. 41. seur du fil comprises dans les angles blancs ne sont pas égales, c'est que son milieu n'est pas exactement au centre du voyant. (*Mémoire sur un instrument propre à vérifier la coïncidence et la rectitude des axes des surfaces intérieures et extérieures des bouches à feu*, par I. Didion ; Metz, 1826, p. 18.)

manchon ou *embrasse* de cuivre dans lequel passe le corps de la mire. Au moyen de cette pièce, le voyant peut être monté ou descendu à volonté, et une vis *Fig. 38.* de pression V permet de le fixer à la hauteur convenable.

203. L'embrasse du voyant doit avoir le moins de jeu possible, afin que la ligne de foi ne s'écarte pas trop de l'horizontale, mais il est indispensable qu'il y en ait un peu, afin que par les temps humides le mouvement puisse toujours avoir lieu malgré le gonflement du bois dont la mire est formée.

Description du corps de la mire et observations sur sa construction.

204. Le corps de la mire se compose d'une forte règle, faite d'un bois dur, bien sec, de 2 mètres de hauteur. On ne pourrait lui donner une hauteur plus grande sans inconvénient, car il faut que le porte-mire puisse atteindre sans peine à la partie supérieure.

205. Afin de pouvoir servir à mesurer des cotes qui surpassent 2 mètres de hauteur, cette règle est *Fig. 38.* formée de deux parties MN, PQ, glissant l'une sur l'autre. Une languette adhérente à la partie antérieure MN est engagée dans une rainure correspondante de la partie PQ, où elle est retenue par *Fig. 39.* deux saillies latérales. La tête RS de MN s'élève au‑dessus de PQ et a pour épaisseur celle de la double tige. Au sommet elle porte un taquet T contre lequel vient buter l'embrasse du voyant,

lorsque le centre de celui-ci est à 2 mètres au-dessus de la mire. Si on le fixe dans cette position en serrant la vis V, il deviendra indépendant de la coulisse, et obéira aux mouvements de la règle à languette. Cette disposition permet de l'élever jusqu'à 3^m.80. L'extrémité inférieure de cette règle porte une embrasse semblable à celle du voyant et une vis de pression avec laquelle on la fixe à la hauteur convenable.

206. Le dos de la mire est divisé en centimètres, dont le zéro est à son pied. Cette graduation, dont on se borne à écrire les décimètres, pour ne pas multiplier inutilement les chiffres, est complétée par une petite échelle fixée à l'embrasse du voyant, dont le zéro correspond à la ligne de visée, et sur laquelle on lit le nombre de millimètres qu'il faut ajouter aux centimètres trouvés, lorsque la cote est inférieure à 2 mètres. Dans le cas où elle est plus forte, la même graduation peut servir encore, au moyen d'une autre petite échelle adhérente à l'embrasse de la règle à languette, dont le zéro est à 2 mètres exactement au-dessous du centre du voyant. Les indications de cette échelle sont les longueurs qu'il faut ajouter à celle de la règle mobile pour avoir la hauteur totale du voyant, c'est-à-dire la cote cherchée ; cette longueur constante étant de 2 mètres, l'addition se fait sans écrire à la seule lecture.

Le degré de précision qu'on obtient ainsi avec une échelle auxiliaire de millimètres, est bien suffisant.

Ce serait compliquer inutilement la mire que d'y adapter un *vernier* ou tout autre dispositif propre à évaluer les parties du millimètre ; nous verrons en *216. effet dans le troisième livre * que les erreurs provenant de l'impossibilité de maintenir la mire rigoureusement verticale sont au moins du même ordre de grandeur que celles qu'on fait en évaluant à vue les fractions dont il s'agit.

Il est essentiel d'ailleurs que le porte-mire, qui est souvent d'une intelligence assez bornée, puisse lire la cote ; assurément il n'y parviendra point si l'instrument ne comporte pas un mode de lecture très-élémentaire.

207. L'une des échelles de millimètres de quelques mires est tout entière au-dessous de son zéro, et la seconde tout entière au-dessus. De là une différence dans le mode de lecture, qui peut facilement induire en erreur. On corrige ce que cette disposition a de vicieux en reportant une de ces échelles à 1 centimètre au-dessus de son zéro.

On fait des mires qui présentent, sur l'un des côtés, une graduation spéciale pour les cotes plus grandes que 2 mètres.

Il n'est pas nécessaire que cette graduation commence au pied même de la mire. On peut, en effet, terminer la partie mobile à une hauteur quelconque, et écrire en ce point la cote marquée par le centre du voyant. Je suppose, pour fixer les idées, que ce soit $2^m.30$; il est bien clair que si le voyant s'élève ensuite à 2^m.40, 2^m.50, etc., l'extrémité de la règle mobile aura parcouru 0^m.10, 0^m.20, etc., et par conséquent indiquera la cote réelle au moyen des divisions de la graduation placées au-dessus de 2^m.30. On donne à cette règle toute la longueur que comporte le corps de la mire, afin que celle-ci puisse mesurer de plus grandes cotes.

Il y a encore d'autres dispositions dont il est facile de se rendre compte à la première vue. Je me bornerai à faire remarquer que le voyant de certaines mires est fixé à demeure sur la règle mobile. Alors on se sert de la mire droite ou renversée suivant qu'il s'agit d'une cote plus grande ou moindre que 2 mètres.

208. L'extrémité inférieure de la mire, qui doit s'appuyer sur les points à niveler, est garnie d'un sabot ou patin de fer, lequel se prolonge de 8 à 10 centimètres latéralement sur un seul côté, et parfois sur deux. Cet appendice est utile dans plusieurs circonstances.

209. Une mire composée comme je viens de l'expliquer est un des meilleurs instruments de ce genre qu'on puisse employer sur le terrain, surtout lorsqu'on a besoin de niveler avec beaucoup de précision; mais il est, par sa longueur, un objet embarrassant à transporter au loin : aussi a-t-on fait des mires plus légères, mais aussi moins rigides et moins droites. Tantôt ce sont deux ou trois cannes de 1 mètre de longueur chacune, vissées bout à bout, tantôt c'est

un simple roseau ; dans tous les cas, le voyant est semblable ou analogue à ceux que j'ai décrits. Ces simplifications n'ont aucun inconvénient lorsqu'une précision rigoureuse n'est pas indispensable.

210. Dans ces derniers temps on a construit des mires dont la division tournée vers l'observateur est rendue assez apparente pour que celui-ci puisse, avec sa lunette, lire la cote directement. On comprend que ces mires n'ont pas besoin de voyant. Elles sont faites d'une planche de 3 mètres de hauteur sur $0^m.10$ à $0^m.15$ de largeur. Les centimètres alternativement noirs et blancs se comptent facilement de l'œil, à partir du décimètre immédiatement inférieur. On estime les millimètres à vue.

Les chiffres qui marquent le nombre entier de décimètres à compter sont accompagnés de gros points noirs en nombre égal à celui des mètres entiers compris dans le coup de niveau.

On donne à cet instrument le nom de MIRE PARLANTE (*).

Fig. 44.

(*) L'idée de la mire parlante se trouve évidemment dans la STADIA dont la topographie fait usage depuis longtemps, et qui fournit à l'observateur le moyen de mesurer la distance à laquelle il se trouve de cet instrument, sans se déplacer, avec autant d'exactitude que s'il opérait avec la chaîne d'arpenteur.

LIVRE TROISIÈME.

LA PRATIQUE.

I. *Détail de l'opération élémentaire du nivellement.*

Installation du niveau.

211. Après avoir choisi l'emplacement convenable, on écarte les branches du pied, et on appuie dessus de manière à faire entrer dans le sol les pointes de fer qui les terminent par le bas. Il faut que la douille ou la tablette destinée à recevoir l'instrument soit dans une position telle qu'il n'y ait que fort peu à faire pour mettre celui-ci en état de servir. Cela demande une certaine adresse qui s'acquiert bientôt.

On achève ensuite d'assurer le pied en serrant les vis des branches, et enfin on y place le niveau.

212. En général, pour le niveau d'eau, on emploie le pied ordinaire, formé de trois branches vissées contre un prisme triangulaire de bois, tandis que pour les niveaux de précision à bulle et à lunette on ne se sert guère que du pied à six branches. Celui-ci consiste, comme on sait, dans une tablette ou plateau portant trois oreilles que saisissent autant de branches doubles en forme de **V**, au moyen de trois vis. Sans doute cette disposition offre plus de ré-

sistance aux mouvements de torsion qui tendent à changer la direction du rayon de visée, ce qui la rend avantageuse pour les opérations où l'on veut mesurer des angles horizontaux ; mais les dérangements de cette espèce n'ayant aucune influence sensible sur la hauteur du rayon de visée, et le pied à six branches ne s'appuyant sur le sol que par trois pointes ferrées semblables à celles du pied à trois branches, l'un et l'autre s'opposent avec la même efficacité aux mouvements verticaux. On peut donc, au besoin, se contenter de ce dernier, qui est plus léger, et néanmoins présente toute la stabilité nécessaire quand il est exécuté avec soin. Il faut avoir l'attention de le bien caler.

213. L'installation du niveau d'eau, lorsque l'on a rempli les conditions que j'ai indiquées en parlant * 72. de cet instrument *, ne serait pas complète si l'on n'y ajoutait la précaution d'en chasser les bulles d'air qui peuvent y être restées après qu'il a reçu l'eau nécessaire. A cet effet, on l'enlève et on le tient un instant dans une situation à peu près verticale, en bouchant l'un des verres avec la main. Il est bon de lui imprimer quelques petites secousses ; on voit alors les bulles d'air s'échapper.

Pour les autres niveaux, on fera usage des moyens d'installation qui leur sont propres. Il faut avoir soin de les fixer sur leur pied aussi solidement que possible, autrement on courrait le risque de les faire tomber en opérant et de les endommager.

On procède ensuite aux vérifications et rectifications que chaque instrument comporte.

Ce que doit faire le porte-mire.

214. Le point sur lequel la mire est posée doit être choisi assez solide pour ne pas baisser sous le poids de cet instrument. Lorsque le terrain naturel ne présente pas une résistance suffisante, on y enfonce quelque objet dur, comme une pierre ou un piquet.

Le porte-mire se tient debout, en face de l'observateur, les yeux attachés sur lui pour saisir ses signaux, et la main sur la vis que porte l'embrasse du voyant *. L'habitude et le sentiment de l'horizonta- * 202. lité lui apprennent quelle est, à quelques centimètres près, la hauteur du rayon de visée, et il place d'abord le voyant en conséquence, afin d'arriver plus promptement au point voulu.

215. La mire doit être maintenue d'aplomb, c'est-à-dire dans une direction verticale aussi exactement que possible; si elle s'en écartait sensiblement, le coup de niveau serait affecté d'une erreur, car au lieu de la cote réelle on aurait une cote plus grande, égale à l'hypoténuse d'un triangle rectangle construit sur la première comme côté de l'angle droit, avec un angle aigu égal à la déviation de la mire.

Cette cause d'erreur se corrige par le choix d'un bon porte-mire. L'observateur ne peut, de la place où il est, apercevoir que très-imparfaitement le défaut d'aplomb; il n'y a d'exception que pour le cas où la mire penche à droite ou à gauche. On est averti soit par l'inspection directe, soit par la comparaison avec le fil vertical de la lunette ou même avec le côté de l'un des verres du niveau d'eau.

Les déviations en avant et en arrière sont presque impossibles à reconnaître; on en comprend facilement la raison. Heureusement que le porte-mire, en cherchant l'aplomb dans un sens, le cherche aussi dans tous les autres, et il est extrêmement rare que les écarts de cette espèce soient assez considérables pour compromettre l'exactitude du nivellement.

216. Le tableau ci-dessous donne une idée suffisante de l'erreur que l'on peut commettre par suite d'un défaut d'aplomb de la mire.

HAUTEURS DE MIRE.	ANGLE D'ÉCART DE LA MIRE, et distance du centre du voyant à la verticale.			
	1° $0.017 = \dfrac{1}{57.3}$	2° $0.035 = \dfrac{1}{28.7}$	3° $0.052 = \dfrac{1}{19.1}$	4° $0.070 = \dfrac{1}{14.3}$
1^m	$0^m.0001$	$0^m.0006$	$0^m.0014$	$0^m.0024$
2	$0\ .0003$	$0\ .0012$	$0.\ 0027$	$0\ .0049$
3	$0\ .0004$	$0\ .0018$	$0\ .0041$	$0\ .0073$
4	$0\ .0006$	$0\ .0024$	$0\ .0055$	$0\ .0097$

J'ai supposé dans ce tableau que la maladresse d'un porte-mire ne va jamais au delà d'un écart de 4 degrés, ce qui suppose une déviation totale comprise entre $\frac{1}{14}$ et $\frac{1}{15}$ de la hauteur de mire. Au-dessous de chaque angle d'écart, on a écrit la fraction analogue sous la forme décimale et sous la forme ordinaire.

Veut-on savoir quelle peut être l'erreur commise sur une cote de 2 mètres, par suite d'une déviation de 3°? Dans la colonne en tête de laquelle on lit 3°, et sur la ligne qui répond à 2 mètres de hauteur de mire, on trouve $0^m.0027$ ou à peu près 3 millimètres.

Je n'ai calculé qu'un petit nombre de cas, attendu qu'il s'agit seulement de pouvoir apprécier l'importance des erreurs possibles, et non de les mesurer.

217. Assurément il ne faut pas attendre d'un porte-mire, quelque exercé qu'il soit, une verticalité parfaite; mais on doit s'attacher à restreindre le plus qu'il sera possible les déviations inévitables. Pour y parvenir, l'observateur aura soin de faire redresser la mire toutes les fois qu'elle s'écartera de l'aplomb, quand même la déviation serait assez petite pour ne donner lieu à aucune erreur sensible. Par ce moyen, l'œil et la main du porte-mire feront de rapides progrès, et il se trouvera bientôt en état de tenir son instrument dans la position convenable.

218. Les signaux que l'on adresse au porte-mire sont de pure convention. Cependant il en est quel-

ques-uns d'un usage assez général, et qu'il est bon de faire connaître.

Pour indiquer que la mire penche, on porte la main du côté opposé; pour faire hausser ou baisser le voyant, on élève ou l'on abaisse la main à plusieurs reprises, d'un geste d'autant plus prononcé et rapide que le voyant est plus éloigné du rayon de visée. A mesure qu'il s'en rapproche, on diminue les mouvements, et le porte-mire, de son côté, ne déplace le voyant qu'avec précaution, de manière à ne point dépasser le but lorsqu'il y arrive.

Le signal pour indiquer que le porte-mire doit faire usage de la coulisse consiste à porter la main au-dessus de la tête et à l'élever à plusieurs reprises.

Lorsque la ligne de foi paraît être à la hauteur voulue, l'observateur fait un mouvement horizontal de la main de gauche à droite, et alors le porte-mire, en serrant la vis destinée à cet usage, arrête le voyant.

Il remet ensuite la mire en place, jusqu'à ce que l'observateur l'avertisse par un dernier signe que le coup a été donné convenablement. Cette manœuvre est essentielle, parce que d'une part le porte-mire peut avoir dérangé le voyant au moment où il serrait la vis; d'un autre côté, quand le niveau est à bulle d'air, cette bulle peut avoir quitté ses repères pendant la durée du coup. On s'assure donc que le rayon de visée, étant horizontal, rencontre la ligne de foi du voyant à la hauteur même où celui-ci a été fixé.

Lecture et inscription du coup de niveau.

219. Le porte-mire lira à haute voix la cote marquée par la mire, et vous l'écrirez au crayon.

Il viendra ensuite à vous avec la mire, et vous lirez à votre tour la cote : si elle ne diffère pas de celle qui vous a été annoncée et que vous avez déjà écrite, vous la tiendrez pour bonne, et le porte-mire se disposera pour un autre coup, sinon il ira se replacer au même point, et vous redonnerez le coup.

Lorsque le porte-mire sera trop loin pour que vous puissiez l'entendre distinctement, il commencera par venir à vous, et, arrivé à la distance convenable, lira la cote que vous écrirez et vérifierez ensuite comme on vient de l'expliquer.

Ces précautions paraîtront sans doute bien minutieuses, mais il est sûr qu'on aurait le plus grand tort de les négliger. Rien de plus facile, en effet, que de se tromper, soit en lisant la cote sur la mire, soit en la donnant, soit encore en l'écrivant. C'est par de telles manœuvres, si aisées d'ailleurs, qu'on assure l'exactitude d'un nivellement.

220. Quand on se sert de la mire parlante (*), la lecture du coup de niveau est beaucoup plus simple.

______

(*) On ne fait guère usage de cette mire avec le niveau d'eau, attendu qu'elle est très-fatigante pour la vue de l'observateur. Avec une lunette d'un fort grossissement, cet inconvénient est bien moindre. On fait les chiffres renversés, afin de les voir droits, ce qui facilite la lecture.

Voir la note XIV à la fin du volume.

Cependant il faut que l'observateur prenne encore quelques précautions contre les erreurs qu'il peut commettre; une seconde lecture faite par lui-même suffira le plus souvent; toutefois il sera plus sûr de la confier à un aide intelligent, si l'on en a un à sa disposition.

Chaînage.

221. La chaîne d'arpenteur est l'instrument avec lequel on relève les mesures de distances nécessaires à connaître pour les opérations de nivellement. Elle a tantôt 10 mètres de longueur, tantôt 20 mètres, et se compose de chaînons de gros fil de fer réunis de mètre en mètre par des anneaux de cuivre, et pour le surplus par des anneaux de fer. L'anneau du milieu est plus grand que les autres. La longueur de chaque chaînon, augmentée des deux demi-anneaux adjacents, est ordinairement de $0^m.20$. La chaîne se termine par deux poignées, comprises dans sa longueur, quelquefois elles sont en dehors, circonstance à laquelle il faut faire attention.

222. Avant de se servir de la chaîne, on vérifie sa longueur ainsi que celle de ses différentes parties. Pour cela, on l'étend sur un sol à peu près horizontal, et on exerce sur elle une tension qui se rapproche autant que possible de celle qu'on lui fera éprouver pendant l'opération du chaînage.

223. L'emploi de la chaîne suppose celui des fiches de l'arpenteur. La méthode à suivre est celle

dite de CULTELLATION, qui fait connaître les distances horizontales sans que l'on ait à se préoccuper de la pente des terrains.

Je ne reproduirai pas ici les détails qu'on trouve à ce sujet dans les traités d'arpentage et de topographie, mais je ferai remarquer seulement que les ouvriers chaineurs étant presque toujours d'une intelligence très-bornée, il est indispensable d'avoir l'œil continuellement sur eux ; sans cette surveillance, on serait exposé à de fâcheuses erreurs.

II. *De quelques particularités relatives aux niveaux.*

Niveau d'eau.

224. L'extrême simplicité de cet instrument fait qu'on le regarde comme étant d'un usage très-facile. Cela peut être vrai tant qu'il ne s'agit que d'un nivellement simple entre deux points également éloignés de l'observateur. Mais si l'on essaye de se placer à des distances inégales de ces points, comme il est permis de le faire sans avoir à craindre que la courbure des surfaces de niveau puisse influer sur la justesse de l'opération *, la différence de hauteur obtenue ne sera pas toujours la même, et parfois on sera surpris des variations qu'elle éprouve suivant que le niveau est à tel point ou à tel autre.   * 31.

225. Ce fait sert en quelque sorte de mesure au degré d'adresse que l'on a besoin d'acquérir. Il dénote un défaut de justesse et de précision du coup

d'œil, qui provient de ce que le rayon de visée est plus ou moins incliné à l'horizon. Les onglets formés par l'eau dans les verres, étant inégalement distants de l'œil, ne sont pas vus avec la même netteté, et il faut une certaine habitude pour distinguer quels sont ceux de leurs points qui se correspondent.

226. Par une étude attentive de ces circonstances, on parvient à pointer avec justesse. Pour savoir quelle erreur on commet en donnant un coup de ni- veau, on détermine d'abord exactement * la diffé- rence de hauteur de deux points, puis après avoir placé l'instrument au-dessus de l'un de ces points, on donne un coup sur le second. La différence entre ce coup et la hauteur de l'eau dans les verres, au- dessus du premier point, comparée à la différence de niveau, fait connaître de combien le rayon visuel s'incline, et dans quel sens.

On tâche ensuite de se corriger du défaut qu'on a reconnu. Quand on a la vue bonne, on y réussit après quelques tâtonnements.

Les personnes privées de cet avantage arrivent plus difficilement à viser avec une précision suffi- sante. Cependant, comme le niveau d'eau se trouve partout, et souvent est le seul qu'on ait à sa disposi- tion, il ne faut rien négliger pour se perfectionner dans l'art de s'en servir.

227. Si l'état de vos yeux s'y oppose absolument, vous pourrez suivre un excellent conseil donné par M. Busson-Descars. « Un jeune paysan bien con-

« stitué, et que l'on a formé, peut niveler avec pré-
« cision, d'un seul coup, deux points éloignés de
« 60 mètres, parce qu'il n'a pas la vue fatiguée par
« l'étude. Aussi conseillons-nous aux niveleurs qui
« n'ont pas la vue bonne, d'avoir recours à cet ex-
« pédient (*). » Les gens de la campagne, quoique
dépourvus d'instruction, devinent l'usage du niveau
d'eau à la seule vue de cet instrument, parce que la
tendance des liquides à se mettre de niveau dans le
même vase ou dans des vases qui communiquent
ensemble, leur est familière ; aussi apprennent-ils
très-vite à viser fort exactement. D'ailleurs, cette
fonction flatte leur amour-propre, et ils tiennent
beaucoup à en être chargés.

Niveau à bulle et à lunette.

228. Ce niveau, par la lunette qui y est adaptée,
permet d'opérer nonobstant la faiblesse de la vue ;
mais il exige de la part de celui qui l'emploie des
précautions minutieuses pour éviter les erreurs. La
moindre négligence pourrait en amener de très-
grandes.

Le meilleur moyen de s'en garantir consiste à se
rendre familiers les détails de construction et d'ajus-
tement du niveau qu'on a entre les mains, de manière à être en état d'apprécier facilement l'influence
qu'un défaut quelconque peut avoir sur les observa-

(*) *Traité du nivellement*, par Busson-Descars, note de la p. 7.

tions. On se procure aussi l'avantage de lutter avec succès contre une foule de difficultés qui autrement seraient autant d'obstacles insurmontables, et d'obtenir quelquefois, avec un instrument médiocre ou même endommagé, des résultats dont l'exactitude semblerait exiger l'emploi de moyens recherchés et dispendieux.

229. On a vu déjà que le mécanisme du genou n'est presque jamais assez parfait pour que la bulle, rendue perpendiculaire au pivot, demeure entre ses repères dans un tour d'horizon *, et j'ai montré que les changements de hauteur éprouvés par l'axe de la lunette, à la suite du rappel de la bulle, sont absolument négligeables *. J'ai montré aussi que dans les niveaux où l'on vise le voyant avec un fil horizontal, cette horizontalité n'est pas altérée sensiblement par un petit écart de la bulle dans le sens perpendiculaire au rayon de visée *. Je rappellerai enfin la grande influence que peut avoir sur la justesse du coup de niveau une inégalité, même très-petite, entre les diamètres des anneaux d'appui de la lunette.

Ces exemples ont dû faire entrevoir la difficulté, je pourrais dire l'impossibilité de trouver un instrument qui n'ait aucun défaut; fût-il de l'artiste le plus habile, on devra s'attendre à y découvrir des erreurs de fabrication, car rien de parfait ne sort de la main de l'homme.

230. Les observations sont encore affectées d'erreurs dues à des causes dont il est impossible d'assi-

gner la part d'influence ; de ce nombre sont celles qui résultent des changements de température. L'inégale dilatation des différentes parties du niveau s'oppose à ce qu'elles conservent rigoureusement leurs positions relatives et détruit l'horizontalité de la lunette sans que l'on ait le moyen de s'en apercevoir. Telle est encore la réfraction atmosphérique, qui varie à notre insu, avec la pression et l'état hygrométrique de l'air.

231. Lorsque les erreurs sont fortuites et accidentelles, et altèrent les cotes, tantôt dans un sens, tantôt dans l'autre, il est naturel de supposer qu'il s'opérera des compensations et que le résultat final du nivellement, c'est-à-dire la différence de niveau entre le premier point et le dernier, se dégagera des erreurs propres aux divers coups. Le calcul des chances (*) nous apprend en effet que cela est admissible, mais à la condition que leur nombre ne sera pas trop restreint.

Il est donc avantageux de faire les coups de niveau plus petits ; d'ailleurs on y gagne de se débarrasser de la réfraction, que l'on sait être proportionnelle au carré de la distance de la mire, et qui se réduit à environ $0^m.0001$ à 100 mètres.

232. Quant aux erreurs proportionnelles à la

____

(*) Les personnes qui voudront connaître la manière d'appliquer le calcul des chances aux observations, consulteront avec fruit l'ouvrage de M. Cournot, inspecteur général des études, intitulé *Exposition de la théorie des chances et des probabilités.*

distance, la valeur absolue de leur somme totale demeure exactement la même.

Appelons en effet e, e', les erreurs possibles sur le coup de niveau de grande et de petite portée. Si l'on a nivelé deux points successivement par deux nivellements composés de n et de n' coups, que je suppose égaux pour fixer les idées, l'erreur totale possible sera $n e$ sur le premier et $n'e'$ sur le second. Mais on a visiblement $e : e' :: n' : n$, d'où l'on tire l'égalité $n e = n'e'$.

233. La multiplication des coups de niveau exige, à la vérité, plus de temps ; mais outre l'avantage des compensations sur lesquelles on peut compter dès que le nombre des coups s'élève à une cinquantaine, on a celui de connaître plus exactement les hauteurs des différents points sur lesquels la mire a été posée, circonstance rarement indifférente dans les applications.

234. C'est par l'expérience que l'on détermine exactement quelle est la portée qu'il convient d'adopter pour les coups d'un niveau. Parmi les moyens que l'on peut employer dans ce but, le plus simple consiste à donner successivement, de la même station, un certain nombre de coups sur un même point. Si l'on a soin de déranger la bulle et de la ramener ensuite d'un coup au suivant, et d'opérer dans des circonstances aussi variées que possible, toutes les causes qui sont de nature à influer sur l'exactitude des cotes se manifesteront par des différences

dont la plus grande pourra être regardée comme une limite de l'erreur e qui affecte chaque coup, à la distance d'épreuve X. La distance à laquelle cette erreur se réduirait à e' s'obtiendra par une simple proportion.

La portée la plus avantageuse pour chaque instrument se détermine par des essais, et dépend à la fois de sa perfection et de l'objet des nivellements qu'on entreprend ; elle peut être plus ou moins grande ; toutefois je conseille de la choisir de 100 mètres et même de 75 mètres seulement, quoique l'on adopte généralement 120 mètres et plus pour les grandes opérations.

235. La bulle éprouve à se mouvoir dans son tube une résistance très-faible, et d'autant moindre que sa longueur est plus grande, mais pas tout à fait nulle. Pour s'en convaincre, il suffit d'examiner comment se comporte une bulle très-petite, de la grosseur d'une tête d'épingle, par exemple. On la voit stationnaire dans la longueur du tube, quand même celui-ci est incliné sensiblement à l'horizon, ou bien elle se meut avec lenteur pour gagner son point culminant (*) ; mais comme, à mesure qu'elle

____

(*) Tout cela dépend plus ou moins de la nature du liquide et du gaz dont la bulle est formée. Il y a des gaz qui adhèrent au verre, et ne le quittent pas même lorsqu'il est dans une situation verticale. Chacun peut examiner ce phénomène dans un verre à boire où l'on a versé une liqueur gazeuse. On voit des bulles rester comme collées à la paroi du verre.

La meilleure condition, pour la sensibilité, consiste à choisir un liquide qui *mouille* le verre, et à ne laisser dans la bulle que la vapeur même de ce liquide.

s'en approche, l'inclinaison de la paroi diminue, elle s'arrête avant d'avoir atteint le point où la tangente est horizontale.

236. On est donc fondé à croire que les bulles de plusieurs centimètres de longueur sont sujettes au même inconvénient, quoique dans une proportion beaucoup moindre. Pour savoir ce qu'il y a de fondé dans une telle supposition, il faut comparer entre eux les coups de niveau donnés en faisant arriver la bulle entre ses repères, tantôt dans un sens, tantôt dans l'autre. La différence entre les coups moyens fournis par ces deux séries mesurera évidemment le retard de la bulle provenant de la résistance du tube.

237. Un niveau peut n'être, en temps ordinaire, sujet à aucune erreur appréciable de ce genre, et en présenter ensuite de fort grandes dans certains moments, lorsque, par exemple, la bulle s'écarte notablement de ses dimensions ordinaires. Alors elle paraît être gênée et obéir plus difficilement au rappel. Les niveleurs désignent cet état particulier en disant qu'elle est *paresseuse*.

238. Naturellement on doit avoir moins de confiance dans les coups donnés pendant que la bulle est ainsi privée d'une partie de sa sensibilité. Cependant on pourra, suivant les cas, trouver remède à cet inconvénient. Si l'expérience démontre que les erreurs occasionnées par la paresse de la bulle sont peu considérables, et ne dépassent point, par exemple, le double de celles dues à tous les autres défauts de

l'instrument, il suffira de réduire les coups à la moitié de leur longueur ordinaire. On pourra encore
s'astreindre à donner deux coups en faisant arriver
la bulle entre ses repères, tantôt dans un sens, tantôt dans l'autre, de manière que les retards de la
bulle se compensent dans la moyenne. Enfin, si les
points nivelés sont à égale distance du niveau, ce
qui aura lieu le plus souvent, on fera disparaître
une partie de l'erreur qui nous occupe en rappelant
la bulle toujours dans le même sens.

239. Ces expédients atténueront l'erreur sans la
faire disparaître complétement, attendu que l'action
du tube sur la bulle pour la retarder, quoique constante, ne produit pas toujours le même effet. On
comprendra facilement que de petites secousses im-
primées à l'instrument, les trépidations du sol et une
foule de causes font varier sa position d'équilibre
sans que l'on en soit averti.

240. On éviterait sans doute ces difficultés en se
ménageant la facilité de remplacer au besoin la bulle
devenue paresseuse par une autre bulle plus sensible.
Les dispositions propres à remplir cet objet s'offrent
d'elles-mêmes. La plus simple consisterait à faire
adapter au niveau deux bulles parallèles entre elles,
tellement combinées que l'une parviendrait à la longueur et au degré de sensibilité le plus convenables,
alors que l'autre s'en écarterait davantage.

241. Les divisions du tube qui servent à repérer

la bulle sont égales, ce qui exige que sa capacité intérieure soit symétrique de part et d'autre du point
milieu. Pour vérifier si cette condition essentielle est
remplie, on donne des coups de niveau en amenant
la bulle dans deux positions également distantes du
milieu. Si leur moyenne est constante pour toute
l'échelle, on sera certain que le tube est bien rodé,
sinon il faudra en conclure que ce travail a été mal
fait, et que la bulle, lorsque sa longueur variera
sous l'influence des changements de température,
pourra donner des indications fausses.

242. On peut déduire, de ces expériences, le
rayon R de courbure du tube, car on tire de la for-
* 173. mule connue * $e = \dfrac{X d}{R}$, $R = X \dfrac{d}{e}$. La longueur d
est ici l'intervalle parcouru par le milieu de la bulle
pour aller d'une position à l'autre, et e la différence
des coups correspondants.

Autres niveaux.

243. Les détails qu'on vient de voir sur le niveau
d'eau et sur celui à bulle et à lunette suffiront pour
la plupart des cas, attendu que ces instruments sont
à peu près les seuls qu'on emploie.

Cependant, si l'on était conduit à se servir de quelque autre niveau, il faudrait en étudier la construction et rechercher le degré de précision qui lui est
propre. La méthode générale pour y parvenir consiste simplement à donner une suite de coups sur un

même point, et à déduire , des différences trouvées ,
la portée ordinaire qu'il convient d'adopter.

244. On tâchera de séparer, autant que possible,
les unes des autres, les erreurs de toute espèce, afin
d'atténuer ou de faire disparaître tout à fait celles
qu'on peut éviter. Il ne faut pas oublier que toute
erreur constante, qui influe toujours dans le même
sens sur le coup de niveau, met l'observateur dans
la nécessité de se placer à égale distance des points à
niveler.

III. *Conduite des opérations de nivellement.*

Dispositions préparatoires.

245. Quel que soit le but en vue duquel on entreprend un nivellement, il faut, avant de le commencer, bien connaître le terrain où l'on doit opérer, et
déterminer la marche et les limites du travail à faire.
Cela n'offre aucune difficulté dans les pays nus et
découverts, lorsque les points à niveler y sont ré-
partis sur un espace dont la plus grande longueur
n'excède pas quelques centaines de mètres.

La question n'est pas aussi aisée à résoudre quand
le sol présente des accidents, et pour un terrain tant
soit peu étendu, elle exige de l'observateur une
certaine expérience. Enfin, quand il s'agit d'opérations à faire sur une plus grande échelle, leur
préparation demande beaucoup de sagacité. Elle consiste à jalonner la marche qu'on suivra, et à diviser

le travail de manière que chacune de ses parties soit d'une facile exécution.

Ce n'est pas ici le lieu de traiter ce sujet, qui renferme le problème général du tracé des voies de communication, c'est-à-dire la matière des études les plus ardues de l'ingénieur. Dans le cinquième livre j'indiquerai les procédés particuliers de nivellement par lesquels on obtient les éléments nécessaires pour le résoudre. Je suppose ici que toutes les recherches préliminaires sont terminées, et qu'il n'y a plus qu'à procéder au nivellement proprement dit.

Personnel et matériel d'une expédition de nivellement.

246. Pour niveler il faut être au moins deux, l'un donnant les coups de niveau, l'autre servant de porte-mire. Alors on aide soi-même à celui-ci à porter la chaîne et à mesurer les distances. C'est le parti que devra préférer un propriétaire qui voudrait faire des nivellements dans ses domaines ; il y trouvera l'avantage de n'avoir à se procurer qu'un seul aide assez intelligent pour cet emploi, car les hommes capables de bien seconder un niveleur ou susceptibles de se former promptement à ce genre de travail, sont encore, malgré les progrès de l'instruction publique, très-rares dans les campagnes, à moins que ce ne soit

* 227. pour donner des coups de niveau *.

247. Ordinairement on attache à l'expédition deux chaîneurs, que l'on charge de porter les divers objets nécessaires, savoir le niveau et son pied, la

mire, la chaîne et ses fiches; à quoi il faut ajouter quelques jalons, une hache à tête, un ciseau de tailleur de pierre, une petite pioche, et un sac de grosse toile contenant une provision de piquets.

248. Ces derniers se taillent ordinairement à proximité du lieu des opérations, dans les fermes ou habitations voisines où il est rare qu'on ne trouve pas le bois nécessaire. Ils consistent dans des brins de bois fendu ou rondin, bien droits, de $0^m.04$ à $0^m.05$ de grosseur, et longs d'environ $0^m.40$. L'un des bouts formant la tête est coupé d'équerre sur l'axe; l'autre est taillé en pointe afin que le piquet pénètre plus facilement dans la terre.

249. Il y a des contrées où la difficulté de se procurer du bois est si grande qu'on ne peut se dispenser de faire une ample provision de piquets avant de se mettre en campagne. Pour transporter ce surcroît de bagages, on se sert d'une bête de somme, que l'on charge en outre des vivres, s'il y a lieu, et des objets désignés ci-dessus, à l'exception du niveau et de la mire qu'il est prudent de confier exclusivement aux aides.

250. Quelquefois on adjoint à l'expédition deux ou un plus grand nombre d'autres agents à qui l'on confie le soin de s'occuper des nivellements de détail; ils doivent être pourvus des instruments nécessaires. On a ainsi deux nivellements qui marchent ensemble et se contrôlent mutuellement, au moyen des cotes prises sur les points principaux.

Cette combinaison, quand elle est possible, permet d'opérer avec bien plus de rapidité que ne peut le faire un seul observateur. A mesure que l'on donne soi-même, sur les points principaux avec tout le soin possible, des coups d'un niveau de précision, les observations de détail sont recueillies avec le degré d'exactitude qu'elles comportent, sans que les erreurs puissent sortir des limites que leur assigne la distance des points nivelés rigoureusement.

251. Les instruments que j'ai désignés ci-dessus sont ordinairement les seuls indispensables. Cependant on est quelquefois conduit à en augmenter le nombre. Dans les nivellements relatifs aux cours d'eau, par exemple, il faut avoir avec soi une corde mince ou ficelle assez longue pour pouvoir être tendue d'un bord à l'autre. Lorsqu'on se propose de déterminer les lignes de niveau d'un terrain, il est nécessaire d'en lever le plan pendant l'opération même du nivellement, et par suite d'emporter une planchette, ou une boussole, ou tout autre instrument propre au lever des plans.

Pour niveler dans l'intérieur de propriétés bâties ou closes de murs, il faut se munir d'un niveau simple à perpendicule ou à bulle d'air, d'un fil à plomb, et d'une règle droite de 3 ou 4 mètres de longueur.

252. Au reste, la manière de composer une expédition de nivellement dépend des circonstances en vue desquelles on la prépare, et du résultat que l'on se propose d'obtenir. Les conditions essentielles à

remplir se réduisent à deux, savoir, 1° que les individus qui en font partie possèdent les connaissances et le degré d'intelligence nécessaires ; 2° que le matériel soit suffisant.

253. On doit se munir d'un registre préparé pour recueillir les observations. Ce n'est pas autre chose qu'un cahier de papier attaché au milieu d'un carton plié en deux. On fait ce registre aussi portatif que possible, sans cependant trop réduire ses dimensions, qui dépendent de la forme adoptée pour l'inscription des coups de niveau. On verra ci-dessous divers modèles appropriés aux principales circonstances qui peuvent se rencontrer.

Quoique ces modèles admettent une colonne d'observations, il convient de réserver en blanc le *verso* de chaque feuillet, pour y mettre les petits dessins ou croquis propres à faciliter l'intelligence du nivellement. Le *recto* se divise d'avance en colonnes, afin que l'observateur trouve toute prête la place où les coups de niveau seront inscrits.

Nivellement entre deux points.

254. Le cas de nivellement le plus simple est celui qui consiste à déterminer la différence de niveau entre deux points éloignés. Alors la route pour aller de l'un à l'autre est à peu près indifférente, et on choisit la plus facile, de manière à éviter les obstacles qu'un tracé obligé peut offrir, tels que des accidents de terrain, des bois, des marécages, etc.

On se dispense de planter des piquets aux endroits où l'on pose la mire; il suffit d'y placer une petite pierre qui, enfoncée en partie dans le sol, fournisse momentanément un point d'appui solide.

255. L'inscription des cotes sur le registre se fait comme je l'ai indiqué en parlant du nivellement composé *. Toutefois, lorsque l'on adopte la méthode de M. Égault, il y a lieu d'adopter une forme particulière de tableau. La suivante paraît remplir assez bien le but qu'on se propose.

* 44.

N⁰ˢ DES STATIONS.	COUPS ARRIÈRE		COUPS AVANT		OBSERVATIONS.
	élémentaires.	moyens.	élémentaires.	moyens.	
1	1^m.531 1 .525 1 .532 1 .527		0^m.723 0 .707 0 .752 0 .732		
	6 .115	1^m.529 (a)	2 .914	0^m.728	(a) Point de départ pris sur la pile de gauche du vieux pont, à la pointe de l'avant-bec du socle.
2	1 .143 1 .125 1 .178 1 .162		0 .974 0 .939 1 .029 0 .991		
	4 .608	1 .152	3 .933	0 .983	
3	1 .782 1 .738 1 .836 1 .785		1 .300 1 .275 1 .260 1 .229		
	7. 141 etc.	1 .785	5 .064 etc.	1 .266	

256. Cette disposition résulte de la marche alternative qu'on établit entre le niveau et la mire. De chaque station l'observateur donne quatre coups en arrière, puis le porte-mire va se placer en avant, et quatre nouveaux coups sont donnés. Il reste en place pendant que le niveau est transporté à la station suivante, et conserve la mire exactement sur le même point, sans faire autre chose que la tourner de manière que le voyant soit en face de l'observateur. Celui-ci donne de nouveau quatre coups, etc.

Ces coups de niveau sont inscrits tels qu'on les obtient, dans les 2e et 4e colonnes; on les ajoute, et le quart de leur somme, c'est-à-dire leur moyenne arithmétique, s'écrit dans les 2e et 5e colonnes. On a ainsi en face du numéro de chaque station, marqué dans la colonne de gauche, deux séries de coups, dont chacune fournit un résultat moyen.

257. Autant que possible le niveau est placé à égale distance des termes de chaque station, car on a vu combien de causes d'erreurs peuvent compromettre la justesse des nivellements où l'on s'écarte de cette condition. Il doit être extrèmement rare qu'on parvienne à les combattre toutes avec succès.

258. Par ce motif, lorsqu'on se trouvera dans la nécessité de donner des coups de niveau très-inégaux, il conviendra de faire usage de la méthode du nivellement réciproque *. Alors on inscrira dans les 2e et * 37.
4e colonnes les huit coups donnés sur chacun des termes de la station, et les moyennes correspon-

dantes s'obtiendront en divisant par 8 les sommes ainsi obtenues.

259. Il est à remarquer que deux observateurs qui regardent successivement dans la lunette sans déranger celle-ci, n'aperçoivent pas la mire au même point. Tandis que, par exemple, pour le premier, l'image de la ligne de foi coïncide exactement avec le fil horizontal, cette coïncidence n'existe pas pour le second. Il paraîtrait même que certains observateurs obtiennent des hauteurs de mire différentes en visant alternativement avec l'œil droit et l'œil gauche.

Quand on fait usage de mires parlantes, la différence dans la manière de viser de l'observateur et de son aide se manifeste par leurs lectures, l'une étant plus forte ou plus faible que l'autre, toujours dans le même sens.

Ces remarques s'appliquent au niveau d'eau comme aux niveaux à lunette (*).

D'après cela, il est nécessaire de n'inscrire au registre, du moins pour une même station, que des coups donnés par le même observateur, visant avec le même œil s'il y a lieu.

(*) Ces anomalies s'expliquent, pour le niveau d'eau, par l'observation du n° 225; mais celles qui concernent les instruments à lunette n'ont point encore d'explication plausible. Elles semblent se rattacher à un ordre particulier de faits récemment signalés dans un rapport de M. ARAGO, inséré dans les *Comptes rendus des séances de l'Institut*, 1842, 2° semestre, page 944.

Voir la note VI à la fin du volume.

260. La dernière colonne du tableau ci-dessus est destinée à recevoir toutes les annotations qui présentent quelque intérêt. On y désigne très-exactement le point de départ des opérations, et le point d'arrivée, avec toutes les particularités propres à les faire retrouver si le nivellement devait être vérifié par un autre observateur.

S'il se trouve, dans le trajet, des points intermédiaires situés sur des objets solides et immuables, tels que des travaux d'art, des monuments, on y fera poser la mire, et les coups ainsi donnés seront l'objet d'une mention dans la dernière colonne, en face du numéro de la station. Si ces points sont en dehors, mais à proximité du trajet, on les rattachera au nivellement général par de petits nivellements particuliers qui s'y embrancheront.

261. Ce sont ces points que l'on appelle des RE-PÈRES (*). Ils sont de la plus grande utilité, et on fait en sorte de les choisir indestructibles. Sans doute toutes les localités n'ont pas des constructions qui offrent ce caractère. On est forcé souvent de recourir aux appuis de croisées, aux seuils de portes, etc. Mais ces objets sont trop faciles à déplacer pour inspirer une pleine confiance. C'est pourquoi on choisit, à proximité de chaque point de repère important, un autre point qui prend le nom de CONTRE-REPÈRE, et dont la différence de hauteur avec le premier est notée sur le registre. On est ainsi à même

____

(*) Du mot latin *reperire*, *retrouver*.

non-seulement de savoir si le repère n'a point été dérangé, et d'y suppléer au moyen du contre-repère, mais encore de reconnaître ces deux points dans le cas où leur désignation serait vague ou incomplète. On conçoit, en effet, que sachant de combien l'un est au-dessus ou au-dessous de l'autre, il sera presque impossible de se tromper sur leur identité.

262. Lorsque l'observateur ne trouve aucun édifice public ou privé propre à fournir des points de repère, il fait des marques sur des rochers, des arbres, etc. Dans tous les cas, le point choisi doit être désigné sur le registre avec la plus grande précision, et même on le rend reconnaissable, toutes les fois que cela se peut, par quelque indice non susceptible de s'effacer, qui consiste ordinairement dans une petite croix ou toute autre figure convenue gravée sur la pierre ou sur le bois.

Enfin à défaut de repères naturels on en fait d'artificiels; on peut employer à cet effet la pierre de taille, le bois, les métaux, etc.

Nivellement et profil en long.

263. Parmi les nivellements qui procèdent dans une seule direction, le plus important est celui qui a pour objet de reconnaître les hauteurs relatives des divers points d'un tracé. Le mode à suivre, identique avec le précédent, quant à la manière de faire succéder entre eux les coups de niveau, en diffère à plusieurs égards, par suite du but que l'on se pro-

pose, qui est d'obtenir, par des profils, une représentation graphique du terrain.

Soit ABC... le plan d'une ligne tracée comme on voudra; si l'on prend sur une droite A′B′C′.... les longueurs A′B′ = AB, B′C′ = BC, etc., et qu'on porte au-dessous, dans une direction perpendiculaire, les cotes A′a, B′b, C′c, etc., des points A, B, C, etc., la figure obtenue en joignant les points a, b, c, etc., par un trait continu sera le profil du terrain suivant la ligne ABC...

Fig. 45
et 46.

264. Ce système est éminemment propre à donner une idée claire de formes que des cotes numériques seules, même très-multipliées, ne feraient jamais comprendre aussi bien.

Le mérite d'un profil dépend du choix judicieux des points qui servent à le déterminer. Évidemment il faut placer la mire sur les points élevés ou déprimés du tracé, et généralement tous ceux où la pente du terrain change sensiblement.

265. Toutefois il conviendra d'installer le niveau non sur la ligne même qui réunit deux points consécutifs, mais à côté, afin que l'instrument ne fasse point obstacle au chaînage. Il y a une infinité de positions convenables, dont le lieu est la perpendiculaire sur l'alignement des deux points nivelés. De là une latitude dont un observateur expérimenté doit savoir profiter suivant les cas.

266. Le registre le plus simple pour un profil en

long consiste dans un croquis coté fait sur place, où l'on figure à vue le profil lui-même, avec cette seule différence qu'on écrit au-dessus de chaque point nivelé au lieu de sa cote définitive, les coups de niveau arrière et avant qui doivent servir plus tard à calculer ces cotes. Les distances mesurées s'inscrivent sur une horizontale tracée au-dessus de la ligne du terrain.

Quand on donne des coups de niveau sur quelques points hors de la ligne parcourue, ces points se marquent un peu au-dessus ou au-dessous du profil, avec les coups qui leur correspondent.

Ce système ne dispense point de recueillir des notes relatives aux diverses circonstances qu'il importe de connaître; on les consigne soit sur la feuille minute du profil, soit dans un carnet à part; quelque parti que l'on prenne, les renvois devront être assez clairs pour ne faire naître aucun doute.

267. Pour les profils levés par la méthode des moyennes de **M. Égault**, on adopte souvent un registre proprement dit. On peut le faire de la forme indiquée ci-contre où les deuxième et troisième colonnes sont destinées à l'inscription des distances horizontales, et à la désignation des points nivelés. Cela suppose que ces points sont indiqués sur un croquis auxiliaire par des numéros ou des lettres qu'on reproduit dans cette dernière colonne.

On voit dans ce registre des colonnes destinées à réunir les cotes calculées ; cela est utile lorsque l'on

N°ˢ des STATIONS.	CHAINAGE.	POINTS NIVELÉS.	COUPS DE NIVEAU		
			ÉLÉMEN- TAIRES.	TOTAUX.	MOY...
			m.	m.	m...
1	205. »	a (*)	1.377 1.399	2.776	1...
		a' (**)	0.411 0.397	0.808	0...
		a'	0.401 0.406	0.807	0...
		b	1.665 1.692	3.357	1...
2	287.50	b	2.744 2.786	5.530	2...
		c	0.629 0.667	1.296	0...
3	241.20	c	0.720 0.747	1.467	0...
		d	1.101 1.124	2.225	1...

NOTA. Dans la première station, le point a' est supposé hors de la lign(e)
comme les autres, et l'un des coups moyens est regardé comme coup ava.nt, (e)

ment pour un profil en long.

DIFFÉRENCES		COTES	REMARQUES
EN +	EN −	CALCULÉES.	DIVERSES.
m.	m.	m.	
		33.940	(*) Piquet planté sur l'axe du tracé, à son origine.
»	0.984		(**) Parapet du pont de la grande Garenne, point milieu, marqué (+).
		32.956	
1.275	»		
		34.231	
»	2.117		
		32.114	
0.379	»		

:racé, mais on l'a inscrit dans la colonne des points nivelés; on l'a répété
:re comme coup arrière.

doit, avant de quitter le terrain, connaître le résultat du nivellement. Il y a des observateurs qui préfèrent ne porter au registre que les coups de niveau, et inscrire ailleurs les résultats de leurs calculs.

Le point essentiel, c'est qu'on soit à l'abri de la confusion, et que les renvois soient assez clairs pour rendre toute méprise impossible.

268. Il importe que les piquets plantés sur la ligne du profil en long puissent être retrouvés, afin de servir à la vérification du nivellement ou à la construction des ouvrages dont cette opération est destinée à préparer les projets.

La tête de ces piquets doit être à peu près à fleur de terre; trop basse, elle deviendrait facilement invisible; trop haute, elle attirerait l'attention des bergers et des cultivateurs qui se feraient un malin plaisir d'achever de l'enfoncer, ou même d'arracher le piquet pour le brûler.

269. On est dans l'usage de signaler ces piquets par de petites baguettes portant un morceau de papier, mais ce moyen est précaire; tout au plus peut-on y compter pendant quelques jours. Cependant on fera bien de l'employer, parce que ceux de ces signaux qui ne disparaissent pas sont fort utiles.

Il est beaucoup plus sûr d'indiquer au registre, pour chaque piquet, quelque alignement sur lequel il se trouve, et sa distance à un point remarquable.

On fait encore, à partir du piquet, deux ou trois sillons d'environ 1 mètre, larges et profonds de

$0^m.15$, dirigés de manière à ce que les eaux n'y sé-journent pas. Ces repères sont très-durables.

Dans les prés, où la végétation cache entièrement la tête d'un piquet, on découpe symétriquement autour de celle-ci deux ou trois bandes de gazon que l'on retourne les racines en l'air.

Nivellements ou profils en travers.

270. La plupart des travaux exigent que l'on connaisse la forme du terrain, non-seulement dans le sens de sa longueur, mais aussi suivant sa largeur. C'est pourquoi on lève un certain nombre de profils transversaux, dits *profils en travers*, comprenant la largeur entière de la zone qui doit être couverte par les ouvrages qu'on se propose de construire ou par leurs dépendances.

271. Généralement ces profils sont perpendiculaires au tracé du profil longitudinal, et par conséquent leurs points de rencontre avec ce dernier suffisent pour les retrouver.

Les courbes qui servent à raccorder les alignements droits d'un tracé, ne sont généralement connues que par les longueurs des tangentes SS', SS", mesurées à partir de leur point de rencontre S jusqu'aux points de contact S', S". On peut alors se borner à faire les profils perpendiculaires aux tangentes. Il faut seulement avoir soin de faire que les profils pris sur les angles les divisent en deux parties égales.

Fig. 45.

272. Les profils en travers, très-faciles à lever parce qu'ils ont généralement peu d'étendue, demandent pourtant une grande attention, soit pour les rattacher au profil en long, soit pour mettre de l'ordre dans la multitude de leurs cotes.

273. Soit ABC..... le plan du tracé ou du profil en long; si la forme du terrain, la longueur de la mire et celle des stations le permettent, on pourra lever le profil en travers A_1A_3 en même temps que Fig. 45. ce dernier en visant du point N successivement dans les directions NA_1, NA_2, etc. Alors tous les coups se trouvent rapportés au plan de visée de la station, et par conséquent on obtiendra les cotes A_1a_1, Fig. 46. A_2a_2, etc., en ajoutant ces coups à la cote de ce plan résultant des calculs faits pour le profil en long.

On lèverait, du même point N, le profil suivant B_1B_2, mais il vaut mieux attendre, pour cela, que le niveau soit au point N' situé relativement à B_1B_2, comme N relativement à A_1A_3. En d'autres termes, il convient de ne lever, de chaque station, qu'un seul profil en travers, en donnant exclusivement des coups arrière. Rien n'empêche de préférer le système des coups avant, mais une fois que l'on a adopté une marche il ne faut pas la changer.

274. Il y a lieu encore de suivre un ordre invariable pour donner ces coups. Dans l'exemple précédent, l'observateur dirige son premier rayon de visée NA_1 sur la partie du profil située à sa droite, et les autres NA_2, NA_3, etc., en allant de plus en

plus vers sa gauche. On est maître de suivre l'ordre inverse, mais il est essentiel de s'en tenir à celui pour lequel on s'est décidé.

275. Le registre le plus simple est ici, comme pour les profils en longueur, un croquis coté fait sur place. On a ainsi une minute détaillée des profils en travers, comprenant à la fois les distances horizontales $A_1 A_0$, etc., et les coups de niveau, parmi lesquels figure le coup $A_0 a_0$ qui appartient au point a du profil en long.

276. On peut aussi se servir d'un registre à colonnes; le modèle ci-contre conviendrait assez pour cet objet.

277. Par la méthode précédente on se procure des profils en travers naturellement rattachés au profil en longueur. Mais, si celui-ci n'était pas levé en même temps que ceux-là, il ne serait pas difficile de les rapporter tous au même plan de comparaison, puisque les points a, b, etc., appartiendraient à la fois aux deux espèces de profils.

278. S'il arrivait qu'en levant des profils en travers on trouvât convenable d'en prendre quelques-uns dont les points de rencontre avec le profil en long ne fussent pas compris dans ce dernier, il faudrait les rattacher par quelques coups de niveau à des points voisins nivelés dans ce profil.

Enfin il peut arriver que la méthode qui consiste à lever les profils en travers en donnant des coups

DÉSIGNATION des PROFILS ET DÉTAIL DES OPÉRATIONS.	POINTS NIVELÉS.	CHAINAGE.	
PROFIL a ($33^m.94$).			
Sommet de la berge de l'ancien chemin.	a_1	m.	
Pied du talus.	a_2	3.25	
Piquet d'axe.	a	2.20	
Pied de la banquette (*). . .	a_3	1.70	
Arête intérieure.	a_4	0.65	
— extérieure.	a_5	0.92	
Pied du talus.	a_6	4.08	
Terrain cultivé à la suite. . .	a_7	8.00	

NOTA. On peut placer les trois premières colonnes sur le *verso* du registr
Dans l'exemple ci-dessus, on a supposé les points du profil rapportés au
ci est rapportée à la suite de la désignation de chaque profil en travers ; on
cette cote le coup de niveau donné sur ce piquet on a la cote du plan de vis
Si l'on voulait rapporter les points du profil au plan horizontal déterminé
inscrire dans la cinquième colonne ; mais on la réserverait alors pour le sig

…ent pour des profils en travers.

| 'S | COTE CALCULÉE | | REMARQUES |
| | de chaque | de chaque | |
u.	PLAN DE VISÉE.	POINT NIVELÉ.	DIVERSES.
	m.	m.	
4		33.03	
6		33.85	
5	32.79	33.94	
2		33.71	(*) La banquette est garnie d'un ancien perré et peut fournir, à la dé-
4		33.33	molition, $0^{m.c.}.16$ de moellon par mè-tre courant.
9		33.31	
0		35.19	
7		35.76	

les quatre autres sur le *recto.*

æ plan général de comparaison que ceux du profil en long ; la cote de celui-
oète dans la sixième colonne, vis-à-vis du piquet d'axe, et en retranchant de

le piquet d'axe, comme il est dit au n° 294, il n'y aurait plus de cotes à
chaque cote de la colonne suivante.

arrière ou des coups avant soit inapplicable. Alors
on transportera le niveau sur le profil, et on le par-
tagera en autant de stations qu'il sera nécessaire,
comme pour un nivellement en long.

Construction des profils.

279. Les profils nivelés sur le terrain se construi-
sent sur le papier dans le cabinet. On pourrait
croire préférable de faire ce travail au moins en minute sur le terrain même, comme cela a lieu pour
les plans qu'on lève à la planchette. Mais on remarquera que les cotes de nivellement se *calculent*, tandis que les éléments d'un plan s'obtiennent, et sont
susceptibles d'être consignés immédiatement sur le
papier. On courrait trop de risques de se tromper si
l'on calculait en nivelant, au milieu des soins minutieux qui préoccupent sans cesse l'observateur.

280. J'ai expliqué ci-dessus, en définissant ce que
c'est qu'un profil, comment cette figure se construit.
Je me bornerai ici à quelques remarques sur les
usages qui sont établis à ce sujet.

Pour un profil en long, il est inutile de construire
les cotes verticales et les distances horizontales à la
même échelle. En effet, le but qu'on se propose est
de rendre sensibles aux yeux les inégalités du sol.
Or on obtient bien mieux cet effet en donnant à ces
inégalités des dimensions doubles, quintuples et
même décuples de celles qui résulteraient de l'adop-
tion d'une échelle unique.

seaux d'écoulement qui reçoivent les eaux des chaussées pavées dans les rues des villes, les trottoirs, les entrées des maisons, divers ouvrages d'art dépendant de l'architecture civile et militaire, et en général les objets qui occupent sur le plan un espace considérable et s'écartent peu du niveau du sol.

285. On cote aussi les plans quoiqu'ils soient accompagnés de profils ou projections verticales; c'est un excellent moyen de les compléter et de les rendre plus expressifs. Les cotes inscrites sur les diverses pièces doivent être les mêmes, afin de mettre entre elles une correspondance parfaite.

286. Il faut que l'on puisse déduire d'un plan nivelé le profil du terrain suivant une direction quelconque. Par suite on choisira, pour les niveler, tous les points saillants ou remarquables propres à faire concevoir plus nettement la forme du sol ou des ouvrages qui le recouvrent. Lorsqu'il se présente, par exemple, des accidents de terrain, des roches, des ravins, des cours d'eau, etc., c'est sur les arêtes vives et sur les berges, aux points élevés et déprimés et partout où la pente change sensiblement, qu'on donnera les coups de niveau. Les canaux, écluses, ponts et autres constructions régulières n'exigent qu'un petit nombre de cotes placées convenablement.

287. L'usage s'est établi d'écrire chaque cote de nivellement entre parenthèses. Cette précaution a pour but d'empêcher que l'on ne confonde ces cotes

avec celles des distances horizontales, quand il s'en trouve de cette dernière espèce sur le même plan. Mais on peut s'en affranchir dans beaucoup de cas, attendu que le point auprès duquel la cote verticale est inscrite en désigne suffisamment la signification.

288. La marche à suivre quand on se propose de trouver directement les cotes d'un plan, n'est pas tout à fait la même que dans le cas où l'on veut avoir des profils en long et en travers. Elle ne consiste plus alors à niveler dans deux directions principales, mais à faire, de chaque station, un tour d'horizon en rayonnant dans tous les sens (*). On obtient ainsi une suite de nivellements partiels embrassant divers groupes de points, rapportés à autant de plans particuliers. Or il suffit que deux groupes consécutifs aient un point de commun pour qu'on soit à même de les rapporter tous à un plan général de comparaison *. Telle est par conséquent la condition qu'il faut * 60. remplir dans ces opérations, lesquelles ne sont autre chose que des nivellements en long, dont chaque station relève, au lieu de profils en travers, un certain nombre de points situés d'une manière quelconque dans les limites de la portée du niveau.

289. Les coups de niveau s'inscrivent à mesure qu'on les obtient, sur un registre auquel on peut donner la forme ci-dessous.

(*) Le lieutenant-colonel du génie A. Clerc a proposé de distinguer deux sortes de nivellements sous ces dénominations caractéristiques : *nivellement par cheminement* et *nivellement rayonnant.*

NUMÉROS DES STATIONS.	POINTS NIVELÉS.	COUPS de niveau.	COTE CALCULÉE		OBSERVATIONS.
			de chaque plan de visée.	de chaque point.	
I	a * b c d	1^m.06 1 .72 1 .49 1 .91	98.94	100^m. 100 .66 100 .43 100 .85	* Repère marqué par une ┼ à l'extrémité nord du socle de la maison d'école.
II	d e f g h	0 .97 1 .08 2 .75 2 .03 2 .15	99.88	100 .85 100 .96 102 .63 101 .91 102 .03	
III	h i k	1 .28 0 .91 0 .84	100.75	102 .03 101 .66 101 .59	
IV	k l m n o	1 .57 2 .18 2 .25 1 .81 2 .14	100.02	101 .59 102 .20 102 .27 101 .83 102 .16	
V	o p etc.	0 .88 0 .98 etc.	101.28	102 .16 102 .26 etc.	

Le mérite de ce tableau résulte de sa division par stations. Les points nivelés de chacune d'elles sont réunis en groupes séparés, et la reproduction d'une même lettre dans deux groupes contigus indique avec une parfaite clarté le point qui leur est commun.

Les quatrième et cinquième colonnes renferment les cotes des divers plans de visée, et des points eux-mêmes, rapportés au plan général qu'on a choisi. J'ai supposé que le point a est un repère à la cote 100^m, ce qui a donné, en effectuant d'abord sur les points a, d, h, k, o, qui relient les groupes deux à deux, un calcul semblable à celui du n° 47, les cotes de ces points et celles des plans de visée. En ajoutant ensuite à ces dernières les coups de niveau des autres points, on a obtenu leurs cotes.

Ces deux colonnes sont laissées en blanc pendant que l'on opère sur le terrain, mais on consigne immédiatement dans la sixième toutes les remarques utiles, et entre autres l'exacte désignation des repères, des points communs à deux stations, etc. C'est dans le cabinet seulement, ou pendant que le nivellement est interrompu, que l'on calcule les cotes.

290. Le tableau ci-dessus a pour complément indispensable le plan des lieux, sur lequel on rapporte chaque point nivelé, avec la lettre qui sert à le désigner; on y figure même l'emplacement du niveau et les divers rayons de visée. Si le plan n'a pas été levé, on y supplée par un croquis fait sur place, quelquefois aussi on fait marcher de front le lever du plan et le nivellement.

291. Il semblera peut-être que le plan ou le croquis des lieux sur lequel seraient inscrits les coups de niveau pourrait suffire, et qu'un tableau spécial est inutile; mais on remarquera que chaque coup ayant généralement trois chiffres quand on écrit les centimètres, et quatre quand on écrit les millimètres,

il y aurait confusion de nombres et de lignes pour
peu que les points nivelés fussent nombreux. A la
vérité, cet inconvénient n'aurait plus lieu en faisant
usage d'un plan ou d'un croquis à grande échelle,
mais alors il serait moins portatif, moins facile à manier, et perdrait ainsi un de ses principaux avantages.

Sections horizontales.

292. Lorsqu'un terrain ne présente pas d'objets
remarquables susceptibles d'être décrits par la projection de leurs contours, les cotes de nivellement
par lesquelles on voudrait en définir le relief ou le
modelé ne pourraient remplir ce but. Un plan couvert de cotes numériques serait extrêmement pénible,
pour ne pas dire impossible à lire. Loin de parler
aux yeux, il ne présenterait qu'une confusion de
chiffres d'autant plus inintelligible que ceux-ci seraient plus nombreux.

Cette difficulté a été levée on ne peut plus heureusement par la méthode des sections horizontales ou
lignes de niveau, qui ne sont autre chose que les intersections de la surface du terrain avec les surfaces
de niveau. Ces lignes présentent ce premier avantage
que chacune d'elles est définie par une seule cote
applicable à tous ses points.

De plus, lorsque ces courbes ou les surfaces de
niveau qui leur donnent naissance sont *équidistantes,*
on a une représentation singulièrement expressive

du terrain. En effet, leur configuration et leur écartement sur le plan donnent l'idée la plus claire de ses formes ondulées et de son inclinaison.

293. La recherche des sections horizontales est un problème facile à résoudre, ainsi qu'on l'a vu dans le premier livre *. Toutefois, lorsqu'il s'agit de déterminer ces courbes sur une grande étendue de terrain, on serait exposé à se tromper si l'on voulait appliquer simplement la solution qui vient d'être rappelée. Il est indispensable de se procurer, de distance en distance, des points de repère dont la hauteur connue d'avance fasse connaître si l'on ne commet aucune erreur de tracé.

* 69.

294. Je supposerai, en premier lieu, pour fixer les idées, que le terrain dont on veut avoir les sections horizontales forme une zone longue et de peu de largeur, comme dans le cas où il s'agit d'établir une voie de communication. La marche à suivre consiste à diviser cette zone en sections de 400 à 800 mètres de longueur, suivant que le sol est plus ou moins accidenté, par des profils dirigés autant que possible dans le sens de la plus grande pente. Ces profils sont piquetés et font l'objet d'un premier nivellement par lequel on détermine les cotes de leurs points, relatives à un plan général de comparaison.

295. Soient maintenant **A**, **B** deux points appartenant à l'un de ces profils, et ayant par exemple pour cotes 58^m.35 et 69^m.50 : voyons comment on

Fig. 47.

trouvera dans l'alignement AB les points où il est rencontré par les sections horizontales définies par les cotes intermédiaires 60^m, 64^m, 68^m.

* 64.   On installera le niveau dans le voisinage de **A** *, puis on donnera un coup sur ce point. Soit $1^m.19$ sa valeur. On y ajoutera la différence $1^m.65$ entre la cote $58^m.35$ de A et celle 60^m du point cherché, et après avoir disposé le voyant sur la mire de manière qu'il marque la somme obtenue $2^m.84$, on la fera promener en dirigeant continuellement sur elle un rayon de visée horizontal. Dès que la ligne de foi se trouvera dans ce rayon, le pied de la mire marquera le point ayant pour cote 60^m.

On déterminera de même le point suivant à la cote 64^m au moyen du point à la cote 60, et enfin le point à la cote 68^m qui devra, si l'on a opéré avec exactitude, être à $1^m.50$ au-dessus du point **B**.

Par l'application de ce procédé à toutes les portions des divers profils, on aura les points où ils sont rencontrés par les sections horizontales, et on y enfoncera des piquets.

296. Avant de passer au tracé définitif de ces sections, il faut en déterminer un certain nombre de points espacés de 50 à 60 mètres, ce qui se fait très-facilement des stations successives **N**, **N'**, etc. On a, de cette manière, des points a, a', a'',......, b, b', b', etc., qui sont les sommets de polygones inscrits dans les courbes cherchées, et qu'on ne regarde comme tels que si les repères des profils n'accusent aucune déviation.

297. Après ces opérations préparatoires, le tracé détaillé et complet des sections horizontales s'effectue fort simplement par le procédé du n° 69.

298. Je suppose présentement qu'on veuille tracer de semblables sections à la surface d'un terrain étendu dans les deux sens. On suit une marche analogue à la précédente, avec cette différence qu'au lieu d'arrêter tout d'abord les profils destinés à fournir les points de repère, on commence par exécuter une série de nivellements, dans diverses directions, de manière à partager le terrain en polygones de plus en plus petits. Ces nivellements se font en longueur, dans les meilleures conditions d'exactitude, et on organise le travail de telle manière que les premiers embrassent des contours fermés, ce qui permet de s'assurer de leur exactitude en revenant sur le point de départ, puisque la somme des coups arrière doit être alors égale à celle des coups avant.

299. Les nivellements suivants se rattachent à ceux-ci, et l'on a encore, par conséquent, le moyen de les vérifier avant de passer à de nouvelles subdivisions, de sorte que l'on arrive à se procurer une suite de points dont les cotes sont déterminées exactement, et qui servent, comme dans le cas précédent, à déterminer des profils convenablement espacés, et dirigés dans le sens de la pente du sol, de manière à être rencontrés par les sections horizontales, lesquelles sont ensuite repérées et tracées comme on l'a expliqué ci-dessus.

300. Tous les points auxiliaires des divers polygones, des profils et des sections elles-mêmes étant rapportés sur le plan des lieux, on procède au lever de détail de ces dernières, travail devenu très-facile, car il se réduit à opérer sur des arcs curvilignes de 50 à 60 mètres de longueur.

301. La plupart des méthodes connues pour le lever des plans sont applicables à ces courbes horizontales; toutefois il en est quelques-unes qui paraissent devoir être préférées, en raison de la rapidité d'exécution qu'elles comportent.

302. La plus simple consiste à lever les sections en même temps qu'on les trace sur le terrain. Il faut, pour cela, s'adjoindre un dessinateur muni d'une planchette. Supposons cet instrument installé en P, et soit AB une droite à peu près horizontale. Jalonnez cet alignement de manière à former les intervalles égaux Aa, ab, bc, etc., selon le degré de précision que vous désirez obtenir, puis élevez aux points A, a, b, c, etc., avec l'équerre d'arpenteur ou par tout autre moyen équivalent, des perpendiculaires que vous jalonnerez aux points A′, $a′$, $b′$, $c′$, etc. Cette opération préliminaire détermine sur le terrain une série de profils parallèles équidistants, que l'on figure sur la planchette.

A mesure que le porte-mire, guidé par les jalons et obéissant aux signes du niveleur, arrive sucessivement aux points où chaque section rencontre les divers profils parallèles, le dessinateur donne un coup d'alidade sur la mire, et détermine d'un trait de crayon le lieu de cet instrument sur le profil où il se trouve.

303. Une autre méthode consiste à lever à la boussole les éléments nécessaires pour construire ensuite les courbes sur le papier. Ces éléments ne sont autre chose que l'angle formé avec le méridien magnétique par le rayon visuel que dirige l'observateur à la boussole sur le point marqué par le porte-mire. Si on relève en même temps la distance de chacun de ces points au point précédent, on aura des données suffisantes pour l'objet qu'on a en vue.

Cette méthode comporte une simplification bonne à connaître. Au lieu de faire succéder arbitrairement un point à un autre point, on a l'attention de fixer leur distance à 10 mètres par exemple, ce qui dispense de relever la presque totalité des chaînages. A cet effet on lie une des extrémités de la chaîne au pied de la mire, et celle-ci, assujettie à demeurer sur un arc de cercle, s'arrête nécessairement à une distance constante du point où un ouvrier porte-chaîne tient son autre extrémité (*).

Ce mode de lever suppose évidemment l'usage d'un carnet, facile d'ailleurs à préparer.

(*) Les méthodes qui ont pour objet le tracé et le lever des sections horizontales sont exposées dans le plus grand détail dans l'*Essai* du lieutenant-colonel du génie A. Clerc. C'est à lui qu'on doit la connaissance des meilleurs procédés pratiques à mettre en usage dans cette branche importante de topographie.

IV. *Difficultés que l'on rencontre en nivelant.*

Nivellements dans un pays couvert.

304. Dans la campagne on est souvent gêné par des bois taillis ou des broussailles. Il n'y a guère d'autre moyen de surmonter ces obstacles, que de se frayer un passage au travers avec la hache; cela est d'ailleurs presque toujours indispensable pour le chaînage.

305. Quelquefois il se trouve des endroits d'où la vue s'étend au loin; on les choisit alors pour stations, lorsque toutefois le voyant peut atteindre à la hauteur du rayon de visée.

306. Dans les bois de haute futaie, on parvient presque toujours à suivre le tracé, sauf à restreindre la longueur des stations.

307. La rencontre d'une haie n'est presque jamais un obstacle embarrassant, parce que l'on y trouve ordinairement quelque passage pour le rayon de visée, sauf à se détourner un peu du tracé auquel on revient ensuite.

308. Les murs de clôture sont moins faciles à franchir. On passe, autant que possible, par les portes, mais il n'y en a pas toujours de convenablement disposées pour suivre une ligne arrêtée d'avance.

Il faut alors se procurer une échelle et prendre la hauteur de la crête du mur avec un fil à plomb. On se sert, pour cela, d'une règle bien droite disposée horizontalement. On la maintient dans cette position au moyen d'un niveau de maçon, ou mieux encore d'un niveau simple à bulle d'air que le vent ne peut agiter, et ce sont les distances verticales du plan supérieur de cette règle aux points du terrain situés directement au-dessous, de part et d'autre du mur, qui remplacent les coups de niveau que celui-ci empêche de donner.

309. Lorsque le mur n'est pas trop élevé, on peut substituer au fil à plomb la mire *renversée;* il suffit d'amener le voyant à la hauteur du rayon de visée pour connaître sa distance verticale au sommet du mur. Par conséquent, si l'on ajoute cette distance au coup arrière, on a la différence de hauteur entre ce sommet et le point arrière. Cette opération répétée de l'autre côté du mur fait de même connaître sa hauteur au-dessus d'un nouveau point, et le problème est résolu.

310. C'est encore avec une règle maintenue horizontalement au moyen d'un niveau à perpendicule ou à bulle d'air, qu'on parvient à niveler dans l'intérieur des bâtiments, et surtout dans les lieux où la clarté du jour ne pénètre pas, tels que les caves, etc. Cet instrument remplace alors le rayon de visée, et le matérialise en quelque sorte pour l'observateur. En effet, si l'on applique la mire successivement contre deux points de cette règle, de manière que la ligne de foi du voyant affleure son bord

supérieur, il est clair que la différence des coups donnés par ce procédé sera égale à la différence de niveau des points où l'on aura posé la mire. Sans entrer dans plus de détails, on voit que ces coups de niveau conduiront à résoudre toutes les questions de nivellement de détail qui peuvent se présenter.

311. Je ferai remarquer ici que la substitution d'un fil à plomb à la mire, lorsqu'elle n'est pas assez longue, est un moyen peu exact, parce que le fil s'allonge par l'action du poids qui pend au bout. On peut se soustraire, au moins en partie, à cette cause d'erreur en prenant le soin de ne mesurer le fil que sous une tension égale à celle qu'il supporte quand il est suspendu.

Terrains submergés ou marécageux.

312. Les ruisseaux et cours d'eau de peu d'importance qui se présentent sur la ligne d'un nivellement ne font point obstacle au lever du profil en long. Les chaîneurs et le porte-mire entrent dans l'eau, et les coups se donnent comme à l'ordinaire. Le piquetage seul est modifié : on enfonce chaque piquet de manière que sa tête demeure visible au-dessus de la surface. Il est bien évident que la cote du fond s'obtient en ajoutant à celle de la tête du piquet la longueur de celui-ci hors de terre.

313. Lorsque la profondeur de l'eau ou quelque

autre circonstance ne permet pas d'agir ainsi, on obtient les cotes du fond en sondant d'un bateau avec une perche ou jalon gradué, ou par le moyen d'une sonde proprement dite ; ces cotes s'ajoutent à celle de la surface regardée comme horizontale, ce qui s'écarte peu de la vérité dans le sens perpendiculaire au courant, surtout pendant le temps des basses eaux ou de l'*étiage* (*).

314. Si la hauteur de l'eau ne demeurait pas constante pendant l'opération, il faudrait qu'un observateur placé sur le bord prît note, à chaque coup de sonde, du niveau correspondant de la surface, chose très-facile, car elle se réduit à mesurer de combien l'eau s'abaisse au-dessous de la tête d'un piquet dont la cote est connue.

315. Les moyens de rapporter sur le plan le lieu de chaque coup de sonde varient suivant l'étendue ou la forme du bassin dont on s'occupe.

Lorsque l'on peut tendre, d'un bord à l'autre, une chaîne, ce lieu s'obtient, sur la droite qui représente cette chaîne, par la distance du coup de sonde à l'une de ses extrémités. Ce procédé laisse sans doute à désirer, car l'action de la pesanteur s'oppose à ce que la chaîne soit tendue en ligne droite. Elle affecte la forme courbe connue sous le nom de *chaî-nette*. On pourrait, il est vrai, la disposer à peu près

---

(*) Ce mot vient du nom de la saison d'été pendant laquelle les eaux de plusieurs rivières atteignent leur niveau le plus bas. On l'applique à toutes, quoique ce fait soit loin d'être absolument général.

au niveau de l'eau, sur une file de flotteurs de liége, mais la courbure ne disparaîtrait pas toujours, car le moindre courant la ferait naître dans le sens horizontal. Toutefois il ne faut point se préoccuper de ces objections, parce qu'il n'est nullement nécessaire que les cotes du fond de l'eau soient connues avec une rigoureuse exactitude.

Ce que l'on vient de dire d'une chaîne s'applique à une ficelle, à cette différence près que dans ce cas on doit s'attendre à des variations considérables de longueur de la ficelle selon qu'elle est sèche ou mouillée, tendue ou non tendue. La différence s'élève parfois à $\frac{1}{3}$ ou même $\frac{1}{5}$, et ne saurait être négligée quand on veut avoir la largeur d'un bassin. Pour éviter cette erreur, on tient la ficelle constamment mouillée, et on ne la mesure que dans cet état, et sous une tension aussi forte que celle qu'on lui fait subir au-dessus de l'eau.

Cette tension, qui est considérable, s'exerce à l'un des bouts de la ficelle par le moyen d'un poids ou d'un cabestan. L'autre bout doit être solidement attaché.

316. La même question peut se résoudre par des Fig. 49. méthodes dites d'alignement. S étant le lieu du coup de sonde, deux observateurs marchent simultanément sur des lignes telles que AB, CD, tracées à terre et rapportées sur le plan. Soient O, O' les points de ces droites qui se trouvent dans les alignements JS, J'S que déterminent le point S et deux jalons ou

signaux **J, J'** ; si l'on mesure les distances **BO, CO'**,
il suffira de les rapporter sur le plan pour avoir les
droites **OJ, OJ'**, dont l'intersection sera le point demandé.

Ce procédé se simplifie quand on se borne à lever le profil transversal du lit d'une rivière. Alors
le coup de sonde étant sur une droite connue, un
seul observateur placé à terre peut suffire pour achever de le déterminer.

317. Lorsque la surface des eaux à sonder est fort
étendue, comme aux abords des côtes maritimes,
on observe, du lieu même du point **S**, les angles Fig. 50.
formés par les rayons visuels dirigés sur trois points
remarquables ou signaux **A, B, C** situés sur le ri-
vage. On en conclut trois circonférences capables des
angles **ASB, BSC, CSA**, sur chacune desquelles
doit se trouver le point demandé, et dont l'intersection le fait connaitre. A la rigueur deux de ces circonférences suffiraient ; mais on en trace une de plus
afin d'avoir un moyen de vérification.

318. Les terrains marécageux sont peut-être ceux
où les opérations de nivellement sont le plus difficiles.
Dans les parties où l'eau semble stagnante, sa surface n'est pas toujours horizontale ; elle coule avec
lenteur à travers une foule de plantes aquatiques, en
vertu d'une pente qui lui assignerait une vitesse considérable si cette végétation ne retardait pas sa marche. On se tiendra donc en garde contre ces trom-
peuses apparences.

319. Les endroits où l'on peut arriver à pied sec offrent un autre genre de difficulté. La mobilité du terrain y est si grande qu'elle rend presque impossible l'usage du niveau à bulle et à lunette, car pendant que l'observateur pointe le niveau sur la mire, la bulle se dérange.

320. Le moyen le plus simple de faire le nivellement d'un marais est de n'y employer que le niveau d'eau, en prenant la précaution de se rattacher à une série de repères établis sur le sol ferme, hors de la limite des terrains mobiles, et reliés entre eux par un nivellement exécuté dans de meilleures conditions.

321. Néanmoins on se procurerait, au milieu des marécages, des stations suffisamment solides pour opérer avec un niveau à bulle, en appuyant le trépied de cet instrument sur de petits pieux enfoncés dans le sol.

322. Outre les nivellements accidentels nécessités par la rencontre des terrains submergés, on en fait qui s'étendent spécialement aux cours d'eau, et servent à reconnaître leur régime et à préparer les projets qui intéressent la navigation ou l'établissement des usines. Ces nivellements comprennent des profils en longueur et en travers analogues à ceux qu'on lève pour les projets des routes et chemins.

323. L'axe d'un cours d'eau est la ligne tracée à

égale distance de ses bords, ou ce que l'on appelle le milieu du fil de l'eau. C'est suivant cet axe que le profil en longueur du fond doit être levé. Sans doute cela n'est pas possible directement, mais on déduit les cotes nécessaires de profils en travers rattachés à un nivellement en long exécuté sur le bord. Le nombre de ces profils dépend de la vitesse de l'eau, des accidents du lit où elle coule, etc. Les piquets nécessaires doivent être plantés au-dessus des plus hautes eaux ou du moins au-dessus des eaux moyennes, afin de pouvoir les retrouver au besoin pendant les crues. Leur nombre varie comme celui des profils; toutefois il en faut un au moins par chaque longueur de 300 ou 400 mètres, mesurée suivant le développement du cours d'eau.

324. Les opérations de cette espèce ne se font guère que pendant l'étiage, ou du moins lorsque les rivières sont assez basses; elles sont alors moins rapides, et la ligne d'eau dans chaque section transversale est sensiblement horizontale, ce qui n'arrive pas dans le moment des crues, et en général pendant que la hauteur de l'eau varie. On a observé que sa surface est convexe quand cette hauteur augmente, et concave dans le cas contraire.

325. Le nivellement complet d'un cours d'eau se compose non-seulement des profils en long et en travers de son lit, mais aussi des hauteurs d'eau qui répondent au même instant. Cela nécessite un grand

nombre d'agents consciencieux qui relèvent ces hauteurs de distance en distance à des heures convenues.

326. Il importe beaucoup de déterminer exactement la hauteur des eaux les plus basses, le succès des projets de dérivation pour canaux d'arrosage ou de navigation, la conservation des ouvrages de charpente tels que les pilotis, encréchements, etc. , dépendant de cette donnée. On doit aussi faire en sorte de reconnaître le niveau des plus hautes eaux, cela est nécessaire pour fixer le débouché et l'élévation des ponts, etc. Ordinairement les crues extraordinaires laissent dans les contrées des souvenirs durables, que les habitants se plaisent à perpétuer en conservant sur les murs de leurs maisons les traces visibles de la limite des inondations.

Obstacles divers.

327. L'état de l'atmosphère peut gêner ou interrompre un nivellement. J'ai déjà signalé l'influence d'une grande chaleur sur la sensibilité de la bulle du niveau ; à cet inconvénient il faut joindre l'apparence de mobilité que présente la mire. Elle semble onduler comme les objets qu'on regarde au travers de la couche d'air en contact avec un tuyau de poêle. Cette circonstance est de nature à diminuer l'exactitude des coups de niveau. Heureusement ce phénomène n'a lieu que pendant l'été, moment de la plus forte chaleur du jour. Si l'on veut faire, à cette époque, quelque opération délicate, il faut la réserver pour

l'heure où le soleil se couche, alors la mire paraît absolument immobile.

328. Les rayons du soleil, quand ils donnent sur l'objectif de la lunette, incommodent l'observateur. Pour remédier à cet inconvénient, on adapte à la lunette un tube cylindrique de carton ou de cuivre qui en forme comme le prolongement. On trouve un tube destiné à cet usage dans la boîte de la plupart des niveaux à lunette.

329. Le soleil gêne également l'observateur au niveau d'eau. Il détermine sur les verres des lignes brillantes qui l'éblouissent et l'empêchent de distinguer la ligne d'eau. On peut s'en garantir en faisant tenir un écran auprès de chaque verre. Mais il y a des localités où l'éclat du soleil reflété par divers objets, tels que des murs blancs, empêche tout à fait de niveler.

330. Pour niveler par un temps froid avec le niveau d'eau, on y verse un peu d'esprit-de-vin, afin d'empêcher l'eau de geler. La saison froide a cet avantage qu'on est bien moins gêné par les feuilles, et en général par le développement de la végétation.

331. Le vent, lorsqu'il souffle avec une certaine force, empêche de niveler avec le niveau d'eau. Il entretient le liquide dans un état de balancement qui devient un obstacle absolu, si le vent règne sans interruption. S'il n'y a que des bourrasques auxquelles succèdent des moments de calme, on trouve

encore le moyen de niveler. Alors il faut boucher avec le pouce le goulot de l'un des verres, et les oscillations de l'eau s'arrêtent promptement.

Les niveaux à bulle et à lunette ne sont pas sujets à cet inconvénient.

332. Les nivellements qu'on exécute dans des localités très-populeuses rencontrent de grandes difficultés aux heures où la circulation s'établit. On est obligé d'y consacrer ordinairement les premières heures de la journée. Peut-être parviendrait-on à niveler au milieu de la foule en plaçant le niveau à une hauteur telle que le rayon de visée de l'observateur pût s'étendre au-dessus de la tête des passants.

V. *Remarques générales sur la pratique du nivellement.*

333. Le moyen le plus sûr d'opérer avec exactitude, c'est de suivre, pour donner chaque coup de niveau, une marche méthodique dont tous les détails soient invariablement réglés. Cette marche dépend de la construction particulière de l'instrument dont on se sert et aussi du mode adopté pour la conduite du nivellement. On fera bien de l'étudier d'avance et de ne pas attendre, pour la déterminer, qu'on soit sur le terrain; ce serait s'exposer à de fâcheux mécomptes, car il est extrêmement facile d'oublier, par préoccupation ou faute d'expérience, de serrer une vis, de placer les fils du réticule au point convenable, etc., ou bien on se pressera trop d'adresser au

porte - mire le signal annonçant que le centre du voyant est sous le fil de la lunette; il y a tant de manières enfin de se tromper, qu'on ne saurait trop se précautionner contre les erreurs.

On ne craindra pas de s'assujettir aux pratiques les plus minutieuses; celles que j'ai décrites ne sont que des exemples propres à faire comprendre quelle est la nature des précautions qu'exige un bon nivellement. Il est aisé d'en trouver beaucoup d'autres; par exemple celle de viser toujours au milieu de la ligne de foi, et non à l'une de ses extrémités, à cause du jeu de l'embrasse sur la tige de la mire; de faire arriver le voyant à la hauteur du rayon de visée toujours dans le même sens, en descendant ou en montant, etc.

La position même que prend l'observateur pour donner le coup de niveau n'est pas indifférente. Celle qu'il est le plus naturel d'adopter consiste à tenir les jambes un peu écartées, à peu près dans la direction du rayon de visée, et les genoux légèrement ployés, pour amener l'œil à la hauteur convenable. On acquiert promptement l'habitude de cette position, et celle de viser toujours de la même manière (*).

334. On doit rectifier le niveau avant de s'en

____

(*) **Busson Descars** conseille, dans le même but, de s'appuyer sur une béquille. Assurément on se procure ainsi une immobilité avantageuse pour l'observation ; mais aussi on contracte l'habitude de cet appui, et il devient impossible de viser quand on vient à en être privé.

servir, quoique la méthode de **M.** Egault permette de se dispenser de ce soin, afin de pouvoir donner des coups non-seulement sur des points également éloignés, mais aussi sur d'autres points dont les cotes seraient nécessaires.

Il semble que cette rectification demandera beaucoup de temps ; mais, quand elle a été faite une première fois, l'instrument se dérange fort peu, et on le rétablit très-promptement dans les conditions d'exactitude voulues.

On pourra donc, en quelques instants, le rectifier chaque matin avant de commencer les opérations de la journée, et aux heures ou dans les circonstances atmosphériques indiquées par les épreuves qu'on a dû lui faire subir.

335. Il est également nécessaire de s'assurer chaque jour que toutes les parties de l'instrument sont en état de fonctionner. Lorsqu'il a déjà servi pendant un certain temps, quelques-unes sont usées ou fatiguées, et si l'on n'y prend garde, les opérations s'en ressentent. L'attention se portera particulièrement sur l'état des vis ; souvent il arrive qu'elles jouent trop librement dans leurs écrous, ce qui peut occasionner de graves erreurs. On y remédie assez bien en trempant les vis défectueuses dans de la cire fondue, à laquelle on ajoute un peu de suif si le nivellement se fait pendant l'hiver.

336. En toute circonstance, le niveau doit être l'objet de soins attentifs ; son prix assez élevé, quand

il est à bulle et à lunette, et l'impossibilité de le faire réparer, en cas d'accident, ailleurs qu'à Paris ou dans les grandes villes, font que l'on ne saurait trop prendre de précautions pour le préserver de tout dommage.

La boîte qui le renferme doit être solide, et avoir à l'intérieur des cloisons découpées pour recevoir et maintenir sans ballottement les différentes pièces du niveau. Le bois sera revêtu, aux points d'appui, de drap épais ou de velours. Dans les voyages en voiture on fera bien de garnir la boîte de quelques tampons de papier, afin de mieux détruire l'effet des trépidations.

337. Pendant les opérations, l'observateur se réserve de porter le niveau lui-même autant que possible. S'il est obligé de confier ce soin à autrui, que ce soit avec la certitude qu'aucune maladresse n'est à craindre.

Aux heures des repas et pendant la nuit, il faut que le niveau soit mis hors de la portée des curieux. On croira peut-être qu'il y aurait économie de temps à le laisser tout monté sur son pied, dans un endroit fermé : ce serait un bien mauvais moyen de se mettre à l'abri des effets de la curiosité, et je ne conseille pas de s'y fier. Le plus prudent est de remettre l'instrument dans sa boîte, et de placer celle-ci en lieu sûr, ou de la garder auprès de soi en veillant à ce que personne n'y touche.

338. Avant de renfermer ainsi le niveau, il faut

l'essuyer complétement et s'assurer que les mouvements de toutes les pièces ont conservé la douceur
nécessaire. Les parties où l'acier frotte contre le
cuivre s'enduisent d'huile épurée d'olive ou de pied
de bœuf; quand c'est le cuivre qui frotte contre le
cuivre, on se sert de cire rendue plus molle par l'addition d'un tiers ou d'un quart de suif.

Les verres de la lunette se nettoient en les es-
suyant avec un linge fin, ou mieux avec un morceau
de peau de gant. Lorsque, par suite d'un long usage
ou par toute autre cause, ce moyen ne suffit pas, on
peut les frotter doucement avec un peu de fleur de
soufre, ou les laver avec de l'alcool.

L'opération ci-dessus ne se fait ordinairement que
pour les surfaces extérieures des verres, qui seules
sont exposées à l'air et à la poussière. Cependant il
arrive quelquefois que l'on est conduit à démonter
la lunette. Il faut, en la remontant, avoir la précaution de remettre chaque pièce dans la situation qu'elle
avait d'abord. On y fait, pour plus de facilité, quelques marques propres à servir de repères.

339. Les soins à donner au niveau d'eau, sans
être aussi minutieux, puisque cet instrument est
plus simple, auront pour but d'assurer sa conservation et le maintien des verres dans l'état de propreté
nécessaire. Lorsque la paroi intérieure est ternie, on
la nettoie, et on a soin de renouveler l'eau de manière qu'elle soit constamment limpide. Je recommande surtout d'éviter de graisser l'intérieur des

verres, cela occasionnerait ce qu'on appelle des franges, au pourtour de la ligne d'eau. Ce phénomène consiste en ce que l'eau mouille imparfaitement le verre.

On emporte avec soi quelques verres afin de remplacer ceux qui viendraient à se casser.

340. L'expérience démontre qu'on nivelle mieux avec un niveau à soi qu'avec un niveau appartenant à autrui. Cela tient à l'habitude que l'on prend alors de l'instrument. On fait bien plus de progrès dans l'art de le manier, et on en acquiert une connaissance qui non-seulement permet quelquefois de remédier à ses défauts, mais encore influe considérablement sur la précision et la célérité des opérations.

341. Lorsqu'un nivellement est terminé, il faut le vérifier. Pour un profil en long, cela consiste à le recommencer, en revenant sur ses pas.

Toutefois il y a des nivellements qui portent en eux-mêmes leur vérification. Ainsi, quand on a nivelé un circuit rentrant sur lui-même, si la cote calculée du point d'arrivée coïncide avec celle du point de départ, ou n'en diffère que très-peu, il est probable qu'on a bien opéré.

Après que l'on a nivelé dans un endroit difficile, il faut tâcher d'aller du point d'entrée au point de sortie par quelque chemin où il soit possible d'opérer dans de bonnes conditions. Par ce moyen, les erreurs de détail que l'on a pu commettre entre ces deux points demeurent sans influence sur le résultat final.

Dans tous les cas, il ne faut jamais se contenter d'un à peu près. Chaque nivellement doit être fait avec toute la précision que comporte l'instrument dont on se sert (*).

342. Le registre que l'on rapporte doit être conservé sans aucun changement. C'est une pièce essentielle, qui ne saurait inspirer une entière confiance, si les documents qu'elle renferme recevaient la moindre altération.

343. Je n'ai rien dit des procédés à employer pour reconnaître la nature des diverses espèces de terrains, attendu que ces explorations sont plutôt du ressort de l'ingénieur qui arrête le tracé d'un ouvrage, que du niveleur. Celui-ci n'a que quelques coups de niveau à donner pour constater les profondeurs auxquelles se trouvent les terrains mis à découvert et signalés d'avance comme devant être l'objet de mentions spéciales.

(*) Voir la note VII à la fin du volume.

LIVRE QUATRIÈME.

LES APPLICATIONS,

ou principaux usages du nivellement.

***

Applications directes.

344. Dans beaucoup de circonstances, les applications du nivellement sont d'une extrême simplicité, et n'exigent guère que le talent de donner un coup de niveau juste.

Ainsi, lorsqu'un ouvrage est en construction, il est nécessaire de vérifier fréquemment si toutes ses parties ont entre elles les relations de hauteur voulues. Tout atelier bien organisé doit être pourvu, à cet effet, d'un niveau et d'une mire.

345. L'opération qui consiste à *donner les points de hauteur*, c'est-à-dire à repérer les points principaux d'un ouvrage, d'après un projet arrêté, s'exécute par des moyens tout aussi élémentaires. Elle se réduit à planter des piquets dont la tête soit élevée au-dessus de terre ou abaissée au-dessous, conformément à des cotes connues.

Quelquefois un piquet est destiné à marquer un point trop élevé au-dessus de la surface du sol, pour qu'il soit facile d'en assurer la stabilité ; alors on retranche de sa hauteur totale un nombre exact de décimètres, et sur la portion laissée hors de terre on marque ce même nombre de décimètres.

346. Pour l'exécution d'un ouvrage important, on se sert, au lieu de piquets, de bornes de pierre scellées dans de la maçonnerie ; cette précaution, que l'on ne prend que pour les points principaux, est surtout utile lorsque les travaux doivent durer plusieurs années, ou ne commencer qu'après un certain délai. On grave sur la tête de chacune de ces bornes la hauteur du point de l'ouvrage auquel elle répond.

347. Souvent il suffit d'un nivellement entre deux points pour reconnaître la possibilité d'une entreprise. Une ville qui voudrait, par exemple, établir des fontaines pour ses habitants, aura des données certaines sur cet objet après avoir fait déterminer exactement à quelle hauteur se trouvent les sources ou les points de prise d'eau qui existent dans les environs et qui seraient de nature à remplir le but. On a vu des villes importantes faire de grandes dépenses sans obtenir de l'eau, faute d'avoir eu recours à des opérations aussi simples.

Il n'est malheureusement pas rare de voir les eaux d'un marais, privées d'écoulement, ravager par leur influence délétère les populations voisines, lorsque quelques coups de niveau suffiraient pour indiquer le moyen de faire cesser, à peu de frais, cet état de choses.

348. Le premier soin de l'industriel qui veut établir une usine sur un cours d'eau doit être de s'assurer par un nivellement qu'il existe une chute disponible suffisante ; l'opération à faire se réduit alors à trouver la différence de niveau entre les têtes de deux piquets plantés à fleur d'eau, dans le même instant, d'une part au point marqué pour l'établissement de la roue, et de l'autre part à l'endroit où il est nécessaire que le gonflement ou le remous de l'eau cesse d'être sensible.

On s'y prendrait à peu près de même pour avoir des eaux jaillissantes. La principale condition à remplir est de les amener d'un point suffisamment élevé.

Notions sur les pentes et rampes.

349. Dans les exemples qui précèdent, il n'est point question de la distance ni de la pente entre les points nivelés ; mais il y a une foule de cas où l'on ne peut se dispenser de prendre en considération ces deux éléments. On a sans cesse à s'en occuper dans les questions relatives à l'art de l'ingénieur.

C'est pourquoi je réunis ici les définitions et les principes dont la connaissance est indispensable aux personnes qui veulent traiter ces questions, ou simplement être à même de se rendre compte des solutions qu'on propose de leur donner.

350. Soient $a\mathrm{M}b$ une ligne tracée comme on voudra, Fig. 51. VV' la verticale du point M, MV la partie de cette droite dirigée vers le ciel ou le *zénith*, et MV' la partie

opposée, dirigée vers la terre. Si le point M se meut dans le sens M*b*, et que l'arc M*b* fasse un angle *aigu* avec **MV**, il *montera;* on dira, au contraire, que ce point *descend*, s'il se meut de M vers *a*, de manière que la direction de son mouvement fasse un angle *obtus* avec **MV**.

Ainsi un mobile *monte* ou *descend* selon que la ligne dans laquelle il se meut fait un angle *aigu* ou *obtus* avec la partie de sa verticale dirigée vers le zénith.

351. L'action de *descendre* suppose une *pente*, et celle de *monter*, une *rampe* ou *contre-pente*. Étant donné une ligne et le sens dans lequel un mobile la parcourt, il en résulte un partage de sa longueur en *pentes* et *rampes*, le premier de ces termes s'appliquant aux portions où le mobile descend, et le second à celles où il monte.

Si le sens du mouvement vient à changer, il est bien clair que les pentes deviennent des rampes, et réciproquement. C'est ce qui arrive sur une route que deux voyageurs parcourent en sens inverse : les *montées* ou *rampes* que l'un rencontre sont autant de *descentes* ou *pentes* pour l'autre.

352. Souvent on emploie le mot *pente* dans un sens plus absolu. Alors il est synonyme d'*inclinaison*. C'est ainsi qu'on dit *la pente d'un terrain, d'un coteau*, etc.

Fig. 52.   353. Dans une ligne droite *ab*, on appelle *pente totale* du poin *a*, plus élevé que *b*, à ce dernier, la différence de niveau $Bb - Aa = bb'$, et le rapport $\frac{bb'}{AB}$ prend le nom de *pente par mètre* de a en b. On exprime par là que la pente entre ces deux points est *uniforme*, ou que chacun des éléments de ab fait le même angle avec la verticale (*).

Soient, par exemple, $Bb = 6^m.77$, $Aa = 5^m.79$, $AB = 28^m$, il vient $bb' = Bb - Aa = 0^m.98$, et $\frac{bb'}{AB} = \frac{0^m.98}{28} = 0^m.035$, d'où il suit que la pente ou le *taux* de la pente de a en b est de 35 millimètres par mètre.

On dit également rampe de *tant* par mètre.

Si la ligne n'est pas droite, on dit que la pente en est variable d'un élément au suivant, et par pente au point quelconque M, il faut entendre celle de la Fig. 53. tangente mt en ce point.

354. La pente d'un plan est celle de la perpendiculaire à l'horizontale qu'on peut mener dans ce plan. Il est aisé de voir que, dans ce même plan, cette perpendiculaire est la droite dont la pente est la plus grande.

La pente d'une surface n'est autre chose, en chacun de ses points, que celle de son plan tangent. Elle est donc égale à celle de la droite menée, dans ce plan, au point que l'on considère, normalement à la section horizontale qu'il détermine. De là le nom de *ligne de plus grande pente* que prend la ligne

(*) Voir la note VIII à la fin du volume.

tracée sur une surface de manière à couper à angle droit toutes ses sections horizontales.

355. On donne, en particulier, le nom de *talus* à l'inclinaison de certaines surfaces planes et quelquefois courbes, lorsqu'elle est assez forte. Telles sont les parois latérales d'un fossé, la surface qui sert de limite au déblai ou au remblai d'une route, etc. Ce terme s'applique aussi aux murs dont la face est inclinée; dans ce dernier cas, il est synonyme de *fruit*.

356. D'après un usage constant, les *talus* se mesurent en comparant, non plus la hauteur à la base ou projection horizontale de la surface, comme on le fait pour les pentes, mais la base à la hauteur. Ainsi un talus AB, qui se projette horizontalement en AH et verticalement en BH, se mesure par la valeur du quotient $\frac{AH}{BH}$; suivant les longueurs respectives de la base AH et de la hauteur BH, ce talus sera de *un et demi de base pour un de hauteur, un demi de base pour un de hauteur*, etc. Cet usage est le même que pour le *fruit*, qui s'exprime en fraction de la hauteur, car on dit : le fruit d'un mur est de $\frac{1}{10}$, $\frac{1}{20}$, etc., lorsque sa surface forme un talus du *dixième*, du *vingtième* de sa hauteur.

357. De cette mesure du talus on déduit très-facilement la pente. En effet, le talus $\frac{3}{2}$ exprimant que la hauteur étant 2, la base est 3, il s'ensuit que la pente ou le quotient de la base par la hauteur est $\frac{2}{3}$, c'est-à-dire l'*unité divisée par le talus*.

358. Première question. *Étant donné le point a,* Fig. 51
*la pente p par mètre de la droite ab et la distance ho-
rizontale AB, trouver la cote du point b.*

Puisque l'on descend, en parcourant ab, de la
hauteur p par mètre de distance horizontale, on sera
descendu, de a en b, de $AB \times p$. Par conséquent, la
cote de B sera donnée par la formule $Aa + AB \times p$.

C'est ce que l'on peut vérifier sur l'exemple du
n° 353 en prenant la cote Bb pour inconnue. On a
$AB \times p = 28 \times 0^m.035 = 0^m.98$, d'où $Bb =$
$5^m.79 + 0^m.98 = 6^m.77$.

359. Si au lieu d'une pente p on avait de a en b Fig. 53
une rampe r, on trouverait, par un raisonnement
analogue, $Bb = Aa - AB \times r$, c'est-à-dire qu'il
faudrait retrancher de la cote de départ Aa la hauteur totale $AB \times r$ dont on se serait élevé à raison
de r par mètre, pour la distance horizontale AB.

Supposons, par exemple, $Aa = 7^m.08$, $r = 0^m.051$,
$AB = 19^m.23$, on trouve d'abord $AB = 19.23 \times$
$0^m.051 = 0^m.98$; puis $Aa - AB \times r = 7^m.08 -$
$0^m.98 = 6^m.10$.

360. Deuxième question. *Étant donné le point a,* Fig. 51
*la pente p et la cote Bb, trouver la distance horizon-
tale AB.*

La différence $Bb - Aa$ étant égale au produit
$AB \times p$, il suffira de diviser $Bb - Aa$ par p; le quotient sera la distance demandée AB.

On voudrait, par exemple, trouver AB, ayant
pour données $Aa = 68^m.75$, $Bb = 69^m.22$, $p = 0^m.046$.

Il vient successivement $Bb - Aa = 0^m.47$, et

$$\frac{Bb - Aa}{p} = \frac{0^m.47}{0.046} = 10^m.22.$$

La solution est exactement la même dans le cas où le profil donné est en rampe au lieu d'être en pente, à cela près que la cote du point à déterminer doit être alors moindre que celle du point connu.

364. TROISIÈME QUESTION. *Trouver le point d'intersection de deux profils rectilignes $a'b'$, $a''b''$.*

Fig. 56.

Supposons en premier lieu que ces profils soient donnés par leurs points extrêmes a', b', a'', b'', situés sur les deux verticales $Aa'a''$, $Bb''b'$. Les triangles $a'ia''$, $b'ib''$, dont le sommet i est le point cherché, sont semblables entre eux, et l'on a la proportion $a'a'' : b'b'' :: a'i : b'i$; mais on a aussi, à cause des parallèles Aa', Bb', Ii, $a'i : b'i :: AI : BI$, donc $a'a'' : b'b'' :: AI : BI$, et $a'a'' : a'a'' + b'b'' :: AI : AI + BI$ ou $a'a'' : a'a'' + b'b'' :: AI : AB$. Dans cette dernière proportion, il n'y a que la longueur AI qui soit inconnue; elle est donnée par la formule

$$AI = \frac{a'a'' \times AB}{a'a'' + b'b''}.$$

Fig. 57.

Il peut arriver que le point i se trouve sur le prolongement des profils $a'b'$, $a''b''$. Alors on a la proportion $a'a'' : b'b'' :: AI : BI$, et $a'a'' : a'a'' - b'b'' :: AI : AI - BI$, ou $a'a'' : a'a'' - b'b'' :: AI : AB$, et par suite

$$AI = \frac{a'a'' \times AB}{a'a'' - b'b''}.$$

L'application de ces deux formules n'offre aucune difficulté. Prenons pour le premier cas : $Aa' = 5^m.38$,

$Bb' = 6^m.57$, $Aa'' = 6^m.09$, $Bb'' = 4^m.25$, et $AB = 25^m.30$. Il vient $a'a'' = Aa'' — Aa' = 6^m.09 — 5^m.38 = 0^m.71$, $b'b'' = Bb' — Bb'' = 6^m.57 — 4.25 = 2^m.32$ et $a'a'' + b'b'' = 0^m.71 + 2^m.32 = 3^m.03$, d'où enfin

$$AI = \frac{0.71 \times 25^m.30}{3.03} = 5^m.93.$$

Soient, pour le deuxième cas, $Aa' = 15^m.74$, $Bb' = 15^m.28$, $Aa'' = 16^m.18$, $Bb'' = 15^m.51$ et $AB = 34^m.75$. Il vient $a'a'' = Aa'' — Aa' = 16^m.18 — 15^m.74 = 0^m.44$, $b'b'' = Bb'' — Bb' = 15^m.51 — 15^m.28 = 0^m.23$ et $a'a'' — b'b'' = 0^m.44 — 0^m.23 = 0^m.21$ Par suite, on obtient

$$AI = \frac{0.44 \times 34^m.75}{0.21} = 72^m.84.$$

362. Supposons présentement que les profils ne soient plus donnés par les cotes de leurs points extrêmes, mais par un point et un taux de pente. La solution ci-dessus serait encore applicable, si l'on se donnait la peine de calculer d'abord les éléments nécessaires, c'est-à-dire les cotes des deux profils pour une distance horizontale arbitrairement choisie. Mais il vaut mieux résoudre le problème par des considérations directes.

Soient p', p'' les pentes qui, avec les points a', a'', Fig. 58. servent à déterminer les deux profils $a'i$, $a''i$. Si l'on a $Aa'' > Aa'$, ils se rencontreront à droite ou à gauche de la verticale $Aa'a''$, suivant que l'on aura $p'' < p'$ ou $p'' > p'$. C'est l'inverse qui aurait lieu si l'on avait $Aa'' < Aa'$. Soit $p'' < p'$; pour chaque mètre de distance horizontale, la différence des cotes des deux profils diminue de $p' — p''$; donc pour la distance AI elle aura diminué de $a'a'' = \text{AI} \times (p' - p'')$.

Par conséquent, on a $\text{AI} = \dfrac{a'a''}{p' - p''}$.

Prenons pour exemple $\text{A}a' = 8^m.42$, $\text{A}a'' = 9^m.33$, $p' = 0^m.062$, $p'' = 0^m.022$. On trouve $a'a'' = \text{A}a'' - \text{A}a' = 9^m.33 - 8^m.42 = 0^m.91$; $p' - p'' = 0^m.062 - 0.022 = 0.04$, d'où $\text{AI} = \dfrac{0^m.91}{0.04} = 22^m.75$.

363. La même considération simple et élémentaire suffira pour résoudre tous les problèmes de cette nature; il faudra seulement faire attention que, dans le cas où l'on cherche la rencontre d'une pente et d'une rampe, la différence $p' - p''$ est remplacée par une somme ; car la différence des cotes des deux profils pour chaque mètre de distance horizontale se compose alors de l'abaissement correspondant à la pente, et de l'élévation due à la rampe; et il est évident que ces deux quantités s'ajoutent.

Enfin, si les deux profils présentaient les rampes r', r'', il est visible que ce serait leur différence qui figurerait au dénominateur de l'expression de la distance cherchée.

364. Lorsque les points extrêmes des profils ne sont pas donnés sur les mêmes verticales, on peut encore en trouver le point de rencontre. Il suffit, pour cela, de chercher sur les verticales de l'un des profils les points qui appartiennent au second, et alors les solutions qui précèdent deviennent applicables.

Supposons que l'on veuille trouver la rencontre des profils ai, bi, résultant des données suivantes : $^{\text{Fig. 59.}}$ $Aa = 6^{m}.93$; pente de $ai = 0^{m}.025$, $Bb = 6^{m}.85$, rampe sur $i = 0^{m}.048$, et $AB = 19^{m}.08$.

Je prolonge bi jusqu'à la rencontre en a' de la verticale de a. Dans le sens bi, la rampe sur ib se change en pente, et je trouve, comme au n° 358, $Aa' = Bb + AB \times 0^{m}.048 = 6^{m}.85 + 19^{m}.08 \times 0.048 = 7^{m}.76584$.

De cette manière, on est conduit à rechercher le point d'intersection i de deux profils partant des points connus a, a' sur la même verticale. On trouve sans peine $aa' = 7^{m}.76584 - 6^{m}.93 = 0^{m}.83584$ et
$$AI = \frac{0^{m}.83584}{0.025 + 0.048} = \frac{0^{m}.83584}{0.073} = 11^{m}.45.$$

365. QUATRIÈME QUESTION. *Étant donné deux points a', b', et une horizontale ab, trouver sur cette* $^{\text{Fig. 60}}$ *dernière un point h tel que les droites $a'h$, $b'h$ forment pente et contre-pente de même taux.*

Sur le prolongement de $b'b$ portez $bb'' = bb'$, et joignez $a'b''$. Le point demandé h sera l'intersection de cette droite avec l'horizontale ab, car les deux triangles hbb', hbb'' sont visiblement égaux entre eux. Par suite, l'angle bhb' est égal à l'angle bhb'', mais on a aussi $aha' = bhb''$, puisque ces deux angles sont opposés par le sommet, donc aussi $aha' = bhb'$.

Le problème est donc réduit à trouver l'intersection de deux profils rectilignes, question résolue ci-dessus*.

* 361.

366. Si au lieu d'une horizontale ab on avait un

profil quelconque, rectiligne ou non, où trouverait le point h par une suite de tâtonnements ; on se donnerait successivement plusieurs horizontales, sur chacune desquelles on chercherait le point analogue, et en les réunissant par un trait continu on aurait une courbe (*) dont les intersections avec le profil donné satisferaient évidemment à la condition demandée.

Usage des profils pour l'étude des projets.

367. Je ne m'occuperai point ici des considérations par lesquelles l'ingénieur, après avoir arrêté le tracé d'un ouvrage, d'une route, par exemple, détermine le système de pentes le plus convenable. On supposera que cette question importante est résolue, et qu'il ne s'agit plus que de se rendre compte des modifications qu'éprouvera le relief du sol.

À cet effet, on recherche, au moyen des méthodes qui vont être exposées, quelles seront, dans chaque profil en long ou en travers relevé par le nivellement sur le terrain, les cotes des ouvrages à établir. En d'autres termes, on construit les profils qui se déduiraient de ces ouvrages s'ils existaient.

368. On est dans l'usage de se servir d'encre rouge pour tracer ces nouveaux profils et écrire .es cotes de leurs divers points. On écrit aussi en rouge les différences entre les cotes des points du projet et du terrain situés sur une même verticale. Ce sont

(*) Cette courbe est une hyperbole.

ces différences, destinées à faire connaître de combien l'un est au-dessus ou au-dessous de l'autre, qui prennent plus particulièrement le nom de *cotes rouges*.

En général, tout ce qui se rapporte à l'état actuel du sol s'écrit et se dessine à l'encre noire. On écrit et l'on dessine en rouge tout ce qui se rapporte à l'état futur.

Les variantes des profils s'écrivent et se dessinent avec de l'encre d'une autre couleur, verte ou violette, par exemple.

369. Ordinairement le profil longitudinal abc du terrain est levé sur la ligne principale ou *l'axe* des ouvrages à exécuter, c'est-à-dire sur le milieu de la chaussée quand il s'agit d'une route, etc. Pour construire celui du projet, on a un certain nombre de points déterminés par l'ingénieur, qui marquent le commencement et la fin des diverses pentes et rampes. Soient, par exemple, a', d', f', trois de ces points; joignez $a'd'$, $d'f'$; la ligne brisée $a'd'f'$ formée par ces droites sera la partie du profil projeté correspondant à la partie A'F' du tracé.

Des cotes A'a', D'd' et de la longueur A'D' on déduit le taux de la rampe $a'd'$, et par suite les cotes intermédiaires B'b', C'c'. Supposons que les cotes de nivellement et de longueur aient les valeurs numériques inscrites sur la figure, on obtiendra les résultats suivants :

De A' en D' rampe de $0^m.0097$ par mètre sur $73^m.37$ de longueur.

Points.	Cotes noires.	Cotes rouges.	Différences.
A′	33^m.94	33^m.75	0^m.19
B′	34 .23	33 .55	0 .68
C′	32 .11	33 .27	1 .16
D′	32 .49	33 .04	0 .55

De D′ en F′ pente de 0^m.025 par mètre sur 60^m de longueur, etc., etc.

370. En calculant le taux des pentes, conformément à la définition du n° 353, il est nécessaire de prendre, au quotient de la division qu'on est conduit à effectuer, assez de décimales pour ne craindre aucune erreur dans le calcul des cotes intermédiaires. Afin de montrer comment il faut s'y prendre pour savoir à quel chiffre du quotient il convient de s'arrêter, je reproduis ci-dessous le calcul relatif à la rampe a′d′.

```
Cote de a′.  .  .   33.75
     de d′.  .  .   33.04  |  73.37
Différence.  .  .    0.71| 000| 0.00967
                    66| 033|
                    ——————
                     4| 9670
                     4| 4022
                    ——————
                       56480
                       52129
                      ——————
                        4351
```

C'est le type même de la division ordinaire, à cette différence près qu'à la suite du dividende, à droite du chiffre qui exprime les plus petites parties de l'unité que l'on veut conserver, on tire un trait vertical. On cherche ensuite, à l'ordinaire, les divers chiffres du quotient, jusqu'à ce que le reste correspondant tombe tout entier à droite de ce trait. Cette circonstance ayant lieu pour le reste 568, le produit du diviseur par le chiffre suivant du quotient serait inférieur à 0.01; et par ce motif on le néglige. Toutefois il faudra *forcer*, s'il y a lieu, le chiffre précédent. C'est ainsi que la valeur exacte du quotient est 0.0097 au lieu de 0.0096.

371. Le calcul à faire pour déterminer la cote intermédiaire $C'c'$ donne lieu à une autre remarque. C'est que la multiplication du taux de pente, conformément à ce qui a été dit au n° 358, doit se faire, non par les longueurs *isolées* $B'C'$, $C'D'$, mais par la longueur *totale* $A'C'$.

Ainsi on prend $C'c' = A'a' - A'C' \times 0.0097$, au lieu de $B'b' - B'C' \times 0.0097$, parce que les millimètres négligés dans le calcul de $B'b'$ pourraient, étant combinés avec ceux du produit $B C' \times 0.0097$, composer une erreur qui ne serait pas négligeable.

372. Les nombres inscrits dans la troisième colonne de l'exemple ci-dessus font connaître les hauteurs du déblai ou du remblai qui aura lieu en chaque point du profil longitudinal. Ils fournissent une première indication des terrassements nécessaires pour l'exécution des ouvrages projetés.

Leur seule lecture suffit quelquefois pour montrer qu'un projet de pentes ne peut être adopté, et qu'il faut en essayer un autre.

373. Pour construire les profils en travers du projet, dont la forme est assignée d'avance par l'ingénieur, on reporte sur ceux du terrain les points a', b', c', etc., en a_1, b_1, c_1, etc., dans les verticales des points a_0, b_0, c_0, etc., qui répondent à a, b, c, etc., sur le profil en long du terrain, de manière que l'on ait $a_0a_1 = aa'$, $b_0b_1 = bb'$, $c_0c_1 = cc'$, etc.

Fig. 63.
Fig. 62.

Supposons, pour fixer les idées, que le projet est celui d'une route de largeur uniforme, que dans les parties en remblai elle se termine latéralement par un talus de $\frac{3}{2}$ de base pour 1 de hauteur, et que dans celle en déblai elle est bordée d'un fossé dont la paroi extérieure se prolonge en talus à 45° ou de 1 de base pour 1 de hauteur. Admettons, en outre, que la position de ce profil soit déterminée (*) dès que l'on connaît un de ses points, rien ne sera plus facile que de le rapporter sur chacun des profils du terrain. On se servira soit des cotes déduites de la cote connue, soit d'un panneau découpé dans un morceau de carton ; ce dernier moyen est très-rapide.

374. Le calcul des cotes rouges proprement dites, ou des distances verticales telles que tt', uu', vv', xx', qui mesurent les hauteurs de remblai ou de déblai, dans la largeur de chaque profil, et des distances

---

(*) On dit que la position d'une figure de forme donnée est déterminée dans son plan au moyen d'un de ses points, lorsque l'angle qu'une droite appartenant à la figure fait avec une droite fixe est connu. Le profil $st'u'v'a'y$, par exemple, sera déterminé de position si l'on assujettit la droite $t'u'$, tirée d'un bord à l'autre de la route, à être constamment horizontale.

AR, AY, qui répondent à ses limites, n'offre aucune difficulté, car il se réduit à résoudre une suite de questions qui sont presque toujours comprises parmi celles des n°s 358, 360 et 361. Entrons dans quelques détails à ce sujet.

375. *Calcul de tt'*. La pente a_0s est donnée par la formule $\dfrac{Ss - Aa_0}{AS}$ qui devient, en y mettant les cotes inscrites sur la figure, $\dfrac{35^m.29 - 33^m.94}{4.40} = 0.307$. Par conséquent, la pente totale de a_0 en t est $3^m.5 \times 0.307 = 1^m.07$. On a donc $Tt = 33^m.94 + 1^m.07 = 35^m.04$, et $Tt - Tt' = tt' = 35^m.04 - 33^m.75 = 1^m.26$.

Calcul de AR. Le pied r du talus de remblai se détermine par la rencontre de deux profils dont les extrémités ne sont pas dans les mêmes verticales, question résolue au n° 364. On cherche d'abord la cote Ss' appartenant au talus $t'r$; elle se déduit de la formule $Ss' = Tt' + \frac{2}{3}ST$, $\frac{2}{3}$ étant le taux de la pente $t'r$, puisque le talus a pour mesure $\frac{3}{2}$ *. Les *357. nombres de la figure donnent $Ss' = 34^m.35$, d'où $ss' = 0^m.94$. On trouve ensuite $0^m.336$ pour le taux de la rampe sr, et enfin $RS = \dfrac{ss'}{\frac{2}{3} + 0.336} = \dfrac{0^m.94}{1.003} = 0^m.94$. Donc $AR = 5^m.34$.

Ces exemples suffisent pour faire comprendre la marche à suivre dans chaque cas particulier. Les calculs, quand on en a une certaine habitude, marchent rapidement.

376. Dans certains cas, la position des profils du projet n'est plus donnée aussi simplement. Ainsi, lorsqu'une route doit traverser une localité habitée, telle qu'un bourg ou une ville, les pentes doivent être étudiées non-seulement sur l'axe, mais aussi de chaque côté, afin d'éviter autant que possible d'endommager les maisons riveraines par les remblais ou les déblais qu'entraînera l'exécution des travaux. La nécessité où l'on est d'indemniser les propriétaires dont les seuils sont enterrés ou laissés à une trop grande hauteur, conduit alors à modifier la forme et la position que l'on donnerait aux profils en rase campagne. On les compose ordinairement d'un arc bombé de largeur uniforme, terminé à deux plis latéraux servant de ruisseaux. Les talus sont remplacés par des revers s'élevant de ces plis vers les façades des maisons.

Ce dispositif se règle, le plus souvent, par les profils en long des deux ruisseaux. Comme on peut, sans nuire à la circulation, en placer un plus bas que l'autre de quelques centimètres (*), on profite de cette latitude pour faire en sorte de ménager aux seuils riverains des relations moins incommodes avec l'état futur du sol.

Lorsque les profils sont ainsi variables, le calcul des cotes rouges ne présente aucune difficulté nouvelle, et les mêmes procédés de calcul sont applicables.

(*) C'est ce qu'on appelle *épauler* une chaussée. L'épaulement peut s'élever sans danger pour la circulation à 0^m.025 par mètre de largeur entre les plis des ruisseaux.

Il faut seulement remplacer chaque partie courbe par une ou plusieurs lignes droites.

377. On ne laisse subsister sur les profils en travers, lorsqu'ils ne sont destinés à servir que pour le calcul des terrassements, que les cotes rouges indiquant les hauteurs de déblai ou de remblai. On voit, en comparant le premier profil de la figure 63 aux trois autres, combien cela simplifie le dessin.

378. Jusqu'à présent j'ai supposé implicitement que les profils du terrain sont formés de lignes brisées. On les a construits dans cette hypothèse, en joignant les points isolés a, b, c, etc., que donne le nivellement, deux à deux, par des lignes droites ab, bc, etc. Il est certain que ce mode de description du terrain n'est pas rigoureux, et tout le monde sait que la surface de la terre est parsemée de creux et de saillies; mais il convient de faire abstraction de ces petites irrégularités dont les surfaces sont couvertes, et quand on dit qu'un terrain est *uni* ou en pente régulière, ces termes du langage usuel se rapportent seulement à sa configuration générale.

La substitution de lignes droites aux pentes sensiblement régulières n'a donc rien que de parfaitement rationnel, puisqu'elle n'est, au fond, que la réalisation sur le papier de ce qui se passe dans notre esprit. Toutefois nous n'avons pas de règles fixes pour déterminer le degré d'exactitude avec lequel un profil représente le terrain. Le choix des points nécessaires et leur espacement sont abandonnés à l'appréciation plus ou moins juste de l'observateur, au tact qu'il possède, et à son entente des choses géométriques.

379. Pour définir la forme du terrain entre deux profils transversaux consécutifs, on admet qu'elle coïncide avec les surfaces géométriques engendrées par le mouvement d'une droite qui s'appuie continuellement sur eux, en restant dans un plan parallèle à l'axe du tracé quand celui-ci est droit. Quand il est courbe, on conçoit la génératrice du terrain comme étant dans une surface cylindrique verticale ayant pour base une courbe parallèle à l'axe. Cette génératrice est alors une *hélice*, c'est-à-dire qu'en développant sur un plan la surface cylindrique qui la contient, elle se transforme en ligne droite.

380. Cette hypothèse ou définition, généralement adoptée, suffit dans la plupart des cas pour achever de se rendre compte des changements que l'exécution du projet qu'on a en vue apportera au relief du sol. Elle fournit en effet le moyen de déterminer la cote de tout point intermédiaire M non compris dans le nivellement. Car, si l'on tire par ce point PQ parallèlement à l'axe AB, on pourra construire avec la longueur $P'Q'=PQ$ et les cotes $P'p'=Pp$, $Q'q'=Qq$, le trapèze $P'Q'q'p'$ dont le côté $p'q'$, sera le profil du terrain suivant PQ. Et si par le point M', placé sur $P'Q'$ comme M sur PQ, on mène la verticale $M'm'$, sa longueur $M'm'$ interceptée entre $P'Q'$ et le profil uxiliaire $p'q'$ sera la cote du point cherché.

Pour la calculer, joignons $P'q'$ qui coupe $M'm'$ en i : à cause des parallèles $P'q'$, $Q'q'$, $M'm'$ on a

$$m'i = \frac{P'p' \times Q'M'}{P'Q'}, \quad iM' = \frac{Q'q' \times P'M'}{P'Q'}, \quad \text{et par suite}$$

$$M'm' = m'i + iM' = \frac{Pp \times QM + Qq \times PM}{PQ}. \quad \text{On a sup-}$$

primé les accents dans cette dernière formule, ce qui revient à remplacer les longueurs prises dans la figure $P'Q'q'p'$ par les longueurs égales qui se trouvent dans le système des profils donnés.

Lorsque l'axe est courbe, cette formule est encore applicable, pourvu que l'on prenne les longueurs PM, QM sur une courbe qui lui soit parallèle. Si, par exemple, la portion $T'D$ de l'axe est un arc de cercle, la partie correspondante tQ de PQ sera aussi un arc décrit du même centre.

381. Le mode de description de la surface des ouvrages projetés est semblable à celui qu'on admet pour la surface du terrain, c'est-à-dire que toute section faite, entre deux profils, par un plan vertical ou une surface cylindrique verticale parallèle à l'axe, est une ligne droite ou une hélice. La solution qui précède fournit donc le moyen de se procurer des hauteurs de déblai ou de remblai autres que celles qui résultent immédiatement des profils du terrain et du projet. On peut même construire à volonté de nouveaux profils, et en général parvenir, soit par les procédés de la géométrie, soit par des calculs fort simples, à la solution de tous les problèmes dépendant de ces données.

382. On voudrait, par exemple, trouver entre deux profils la ligne de séparation du déblai et du remblai, c'est-à-dire l'intersection des surfaces du terrain et du projet.

Il suffira, pour construire un point de cette ligne, de faire dans le système des deux surfaces une section verticale parallèle à l'axe. Le point cherché sera celui où se rencontreront dans cette section les génératrices rectilignes du terrain et du projet.

La suite des points ainsi obtenus forme une ligne brisée, dont les angles sont sur les génératrices qui correspondent à ceux des profils. Les différentes parties de cette ligne sont des arcs d'*hyperbole*, dont la courbure est généralement peu prononcée, du moins dans les questions relatives aux terrassements des routes; c'est pourquoi on se contente de déterminer leurs extrémités et de les joindre par des droites qui ne sont autre chose que leurs cordes.

383. Quelques détails plus circonstanciés sur ce sujet ne seront pas inutiles ici. Considérons en particulier le second et le troisième demi-profil au-dessous de l'axe; l'un est en remblai et l'autre en déblai. Entre les deux, le profil du fossé rencontre le terrain suivant une ligne qu'on détermine sans peine. Pour appliquer le procédé ci-dessus, nous admettrons que les droites $b_o p$, $c_o q$ perpendiculaires à AF, sont les projections des profils considérés. Cela posé, après avoir tracé préalablement sur le deuxième demi-profil la coupe $j'g'k'$ du fossé, on aura les points cherchés g, k, en divisant la longueur de l'entre-profil dans les rapports $\dfrac{g'h'}{g''h''}$, $\dfrac{k'l'}{k''l''}$.

Remarquons maintenant que si le talus adopté, de $\frac{3}{4}$ de base pour 1 de hauteur, succédait immédiatement au talus de 1 de base pour 1 de hauteur suivant lequel le fossé est dressé, l'ouverture de celui-ci se trouverait masquée en partie, et l'écoulement de l'eau gêné. Cette disposition ne pourrait donc être conservée, c'est pourquoi on suppose la surface des ouvrages projetés engendrée entre le fossé et le deuxième profil, par une génératrice qui s'appuie d'une part sur le talus à 45° du fossé, et de l'autre part sur le talus de remblai de ce profil (*).

En conséquence, les droites gp, kq tirées des points g, k aux points extrêmes p, q des deux demi-profils marquent sur le plan la limite du remblai et celle du déblai.

384. Toutes les constructions qui viennent d'être expliquées se font par des lignes droites, sans avoir égard à la courbure de l'axe du projet. Les profils en travers sont disposés comme on le voit sur la figure 63, perpendiculairement ou *à cheval* sur une ligne droite qui représente l'axe développé.

On a eu égard, dans cette figure, au plus ou moins d'espacement des profils; les intervalles entre les points où ils sont rencontrés par l'axe sont pro-

____

(*) On remarquera que, si le fossé se terminait précisément à un profil, ce raccordement ne pourrait plus avoir lieu. Il serait préférable de le faire toujours sur une même longueur, à partir de l'extrémité du fossé.

portionnels aux intervalles correspondants du profil en long, ou, en d'autres termes, sont ces espaces eux-mêmes à une certaine échelle. Il en résulte que cet axe et ses perpendiculaires menées par le point de rencontre de chaque profil, forment une sorte de plan, où les largeurs et les longueurs ont des échelles distinctes, ce qui permet de ménager l'espace. De plus, dans la déformation produite par le redressement de l'axe, tous les arcs qui lui sont parallèles deviennent des lignes droites.

Réciproquement, des constructions faites sur un tel plan, on déduit le résultat de constructions analogues sur le plan vrai. En effet, si d'un point quelconque on abaisse une perpendiculaire sur l'axe, cette perpendiculaire sera reproduite de grandeur et de position sur le plan vrai, par une normale à la courbe de l'axe, élevée au point qui correspond au pied de la perpendiculaire, et égale en longueur à celle-ci. On peut ainsi déterminer, par exemple, les limites réelles et la superficie du terrain à occuper pour l'exécution du projet.

Cubature des terrassements.

385. Les volumes de déblai et de remblai compris entre deux profils transversaux consécutifs, ou dans un *entre-profil,* suivant l'expression adoptée, sont complétement définis par les hypothèses admises sur la génération des surfaces du terrain et du projet. Leur mesure semble donc devoir se réduire à une

simple application des principes de la géométrie ; mais outre que cette application, pour être complète, exige l'emploi de logarithmes, lorsqu'il y a pénétration des deux surfaces, elle conduit à des calculs si longs et si pénibles, qu'on la regarde comme impraticable. Aussi l'usage a-t-il prévalu de se contenter de méthodes plus rapides qui, sans être absolument rigoureuses, fournissent néanmoins des résultats d'une exactitude suffisante.

386. On peut toujours décomposer l'entre-profil que l'on considère par des plans ou des surfaces cylindriques parallèles à l'axe, de manière à déterminer sur les profils transversaux des sections entièrement en déblai ou en remblai ; il suffit pour cela de les faire passer par les points de chaque profil où la ligne du projet rencontre celle du terrain.

Appelons d', d'', ou r', r'' les surfaces de déblai ou de remblai qui se correspondent dans la même portion de l'entre-profil, et supposons d'abord, pour plus de facilité, que celui-ci ait pour axe une ligne droite de longueur L. Il pourra se présenter trois cas principaux.

387. PREMIER CAS. Les deux surfaces sont d' et d'' ou r' et r'', c'est-à-dire de même espèce. On a rigoureusement

$$D = L \times \frac{d' + d''}{2} \text{ ou } R = L \times \frac{r' + r''}{2},$$

c'est-à-dire que le volume du déblai ou du remblai

s'obtient alors en multipliant la moyenne des surfaces par la longueur de l'entre-profil.

388. DEUXIÈME CAS. d' correspond à r'' ou d'' à r'.
Alors on fait usage des formules approximatives

$$D = L\left[\frac{d'}{2} - \frac{1}{2}\,\frac{r''d'}{d'+r''}\right] \qquad R = L\left[\frac{r''}{2} - \frac{1}{2}\,\frac{r''d'}{d'+r''}\right]$$

ou

$$D = L\left[\frac{d''}{2} - \frac{1}{2}\,\frac{r'd''}{d''+r'}\right] \qquad R = L\left[\frac{r'}{2} - \frac{1}{2}\,\frac{r'd''}{d''+r'}\right].$$

389. TROISIÈME CAS. Il n'y a ni déblai ni remblai
à l'une des extrémités de la portion d'entre-profil que
l'on considère; c'est ce qui arrive quand les profils
n'ont pas la même largeur. Les formules qui conviennent alors ne sont qu'approximatives, comme
les précédentes. On a

$$D = L\cdot\frac{d'}{3}, \qquad R = L\cdot\frac{r'}{3}.$$

REMARQUE. On peut faire rentrer ce cas dans le
premier, en observant que le tiers d'une quantité d'
ou r' ne diffère de sa moitié que de sa sixième partie. En conséquence, on calcule d'abord la demi-
somme des surfaces, en y comprenant l'excédant de
largeur d'un profil sur l'autre, puis on en retranche
le sixième de la surface en excès, ainsi qu'on va le
voir dans l'exemple ci-dessous.

390. Par les formules qui précèdent, on trouve,
pour les déblais et remblais du premier entre-profil,
les résultats suivants :

Au-dessous de l'axe, les deux profils sont en rem-

blai; mais le premier présente sur le second un excédant de largeur de $0^m.44$. Il est facile de voir
que le triangle qui lui correspond a pour surface

$$\frac{1}{2} \cdot \frac{(0.44)^2 \times 0.94}{0.94} = 0.10$$ dont le sixième ou 0.02,

doit être retranché de la moyenne entre r' et r''.
On a d'ailleurs $r' = 3.97$, $r'' = 3.30$, d'où

$$\frac{r' + r''}{2} = 3.64;$$ retranchant enfin 0.02, il reste pour

surface moyenne corrigée 3.62.

La même formule s'applique encore au-dessus de
l'axe, sur $0^m.88$ de largeur, et l'on a $r' = 0.08$,

$r'' = 0.46$, d'où $\frac{r' + r''}{2} = 0.27$. r'' s'obtient ici en

retranchant de la surface 0.65 du premier triangle au-

dessus de l'axe la quantité $\frac{1}{2} \cdot \frac{(1.91-0.88)^2 \times 0.68}{1.91} = 0.19$.

La portion suivante de l'entre-profil rentre dans le

deuxième cas. On a $d' = \frac{1}{2} \cdot \frac{(1.91-0.88)^2 \times 0.68}{2.62} = 0.14$,

$r'' = 0.19$, $\frac{r''d'}{r''+d'} = 0.08$. Par conséquent, les surfaces de déblai et de remblai à multiplier par la lon-

gueur L de l'entre-profil sont $\frac{0.14 - 0.08}{2} = 0.03$ et

$$\frac{0.19 - 0.08}{2} = 0.06.$$

Le surplus de l'entre-profil se compose uniquc-
ment de déblai; c'est donc la formule du premier cas
qui est applicable. On a $d' = 2^{m.q}.92$, $d'' = 1^{m.q}.30$,

$\frac{d' + d''}{2} = 2^{m.q}.11$. De ce dernier résultat, il faut retrancher, pour $0^m.70$ d'excès de largeur du premier profil sur le second, au-dessus de l'axe

$$\frac{1}{12}\,\frac{(1.55-0.85)^2 \times 1.44}{1.55} = 0^{m.q.}.02.$$ La demi-somme rectifiée est donc $2^{m\,q.}.09$.

Rassemblons maintenant toutes les surfaces obtenues, et supposons $L = 20^m.50$, il vient

	Surfaces de déblai.	Surfaces de remblai.
	$0^{m.q.}.03$	$3^{m.q.}.62$
	2　　.09	0　　.27
	»	0　　.06
Surf. totales.	2　　.12	3　　.95
Cubes. . .	$43^{m.c.}.46$	$80^{m.c.}.98$

On continuerait de la même manière dans les autres entre-profils.

391. Je suppose actuellement que l'axe soit courbe. Il faut alors modifier un peu les calculs ci-dessus, attendu que les volumes qu'ils donneraient pour les parties situées dans sa concavité seraient trop forts, et trop faibles du côté opposé. Par ce motif, on diminue les premiers et l'on augmente les autres.

La manière la plus simple de faire cette opération consiste à modifier les surfaces de déblai et de remblai, en conservant toujours la largeur de l'entre-profil comme multiplicateur connu, car pour augmenter ou diminuer, dans un certain rapport, le produit de deux facteurs, il suffit d'augmenter ou de diminuer, dans ce même rapport, l'un ou l'autre de ces facteurs, à volonté.

392. Concevons qu'après avoir mesuré une surface de déblai ou de remblai, on ait déterminé son *centre de gravité* par les méthodes de la *statique* (*). Par ce point on décrira un arc parallèle à l'axe; soit L' sa longueur comprise dans l'entre-profil; la quantité dont la surface doit être augmentée ou diminuée, en est une fraction de celle-ci marquée par le rapport $\dfrac{L'-L}{L}$ ou $\dfrac{L-L'}{L}$, suivant que le centre de gravité tombe du côté de la concavité ou de la convexité de l'axe.

393. Lorsque la courbe de l'axe, projetée horizontalement, est un arc de cercle, la longueur L' est facile à déterminer. En effet, R et R' étant les deux rayons des arcs L, L', on a $L' : L : : R' : R$; par conséquent on a $\dfrac{L'-L}{L} = \dfrac{R'-R}{R}$ ou $\dfrac{L-L'}{L} = \dfrac{R-R'}{R}$, suivant que L' est plus grand ou moindre que L.

Dans les autres cas, la différence $L - L'$ se déduit de la distance l des deux arcs et de l'ouverture de

---

(*) Le centre de gravité d'un triangle est sur la droite qui va du milieu de l'un quelconque de ses côtés au sommet opposé, aux deux tiers de la longueur de cette ligne, à partir de ce sommet.

Le centre de gravité d'un trapèze est sur la droite qui joint les milieux des deux côtés parallèles, et aussi sur la droite qui joint les points obtenus en prolongeant chacun de ces côtés dans des directions opposées d'une longueur égale au double de l'autre.

Enfin, après avoir trouvé le centre de gravité de chacun des triangles et trapèzes que l'on considère dans une portion donnée de profil, on multiplie leurs surfaces par les distances de ces points à l'axe, et en divisant la somme des produits par celle des surfaces, on obtient pour quotient la distance du centre de gravité de leur système à l'axe.

l'angle total de déviation formé par les tangentes. Soit **M** le nombre des minutes sexagésimales contenues dans cet angle, la différence cherchée s'exprime par la formule 0.000291./M.

394. Toutes ces opérations, et surtout la recherche des centres de gravité, sont encore assez longues pour que l'on désire leur substituer des procédés plus rapides. Or il est facile de déterminer par estime le centre de gravité d'une surface, sans erreur capable d'influer sensiblement sur le résultat (*). Le rapport $\dfrac{L' - L}{L}$ est généralement assez petit pour qu'une erreur de quelques centimètres ou même de quelques décimètres sur la position du centre de gravité soit insignifiante.

395. Lorsque les volumes de déblai et de remblai échappent à l'application des règles qui précèdent, on peut toujours les décomposer en prismes triangulaires ou quadrangulaires, ayant leurs arêtes verticales, et leurs surfaces supérieure et inférieure planes ou gauches. Chacun de ces prismes se décompose lui-même en deux autres ayant pour base

---

(*) On peut déterminer le centre de gravité d'une surface de figure quelconque en la découpant dans une feuille de papier; on la suspend ensuite à une épingle tenue horizontalement, qui la traverse en un point quelconque; un fil à plomb suspendu à la même épingle, et affleurant le papier, y indique une droite contenant le centre de gravité. On en obtient une seconde, et d'autres encore, s'il est nécessaire, en changeant simplement le point de suspension du papier. Toutes ces droites concourent en un même point.

commune sa section droite. Ainsi donc tout se réduit à trouver la mesure d'un prisme droit, terminé supérieurement par une portion de surface gauche.

396. Appelons A, B, C, D les triangles BCD, Fig. 64. CDA, DAB, ABC déterminés par les diagonales et les côtés de la base ABCD du prisme, et a, b, c, d les arêtes aboutissant aux sommets de ces triangles, on a, pour le volume demandé, l'expression

$$\tfrac{1}{6}[A(b+c+d)+B(c+d+a)+C(d+a+b)+D(a+b+c)].$$

On suppose ici la surface gauche A'B'C'D' engendrée par une droite qui s'appuie sur deux côtés opposés de ce quadrilatère, et les divise proportionnellement dans chacune de ses positions. La surface ainsi décrite est d'ailleurs la même lorsque l'on prend pour directrices les côtés A'B', D'C' ou les deux autres côtés A'D', B'C'.

Cette hypothèse, plus générale que celle du n° 379, rend la formule ci-dessus applicable non-seulement dans les cas où les surfaces du terrain et du projet sont données par des profils, mais aussi lorsqu'elles résultent des cotes irrégulièrement disséminées sur un plan.

397. Lorsque deux des côtés AB, DC, par exemple de la base ABCD sont parallèles, les surfaces des Fig. 65. triangles qui ont chacun de ces côtés pour base commune sont égales entre elles, et l'on a par conséquent A = B et C = D. Alors la formule devient

$$\tfrac{1}{6}\left[A(a+b+2c+2d)+C(c+d+2a+2b)\right].$$

Fig. 66. **398.** On remarquera le cas où les arêtes **AA'**, **DD'** sont nulles, c'est-à-dire où l'on a $a = 0$, $d = 0$; le volume du prisme est alors

$$\tfrac{1}{6}\left[\,(\,A + D + C\,)\,b + (\,A + D + B\,)\,c\,\right],$$

la base **ABCD** étant un quadrilatère quelconque, et

$$\tfrac{1}{6}\left[\,(\,B + 2C\,)\,b + (\,C + 2B\,)\,c\,\right],$$

lorsque les côtés **AB**, **CD** sont parallèles. Cette dernière forme de prisme revient à celle que l'on aurait à considérer de part et d'autre de la ligne de séparation du déblai et du remblai entre deux profils, si cette ligne se composait d'une suite de droites comme on l'a supposé au n° 382.

399. Quand la base du prisme est un parallélogramme, on a $A = B = C = D$, et le volume devient $\tfrac{1}{2}A\,(\,a + b + c + d\,)$. A étant la moitié de la base **P** du prisme, ce volume devient encore $P\cdot\dfrac{a+b+c+d}{4}$. Pour un prisme triangulaire, il deviendrait $P\cdot\dfrac{a+b+c}{3}$, les arêtes étant a, b, c.

Observations sur les calculs de terrassements.

400. Les notions qui précèdent sont applicables non-seulement aux déblais et remblais des routes, mais aussi à ceux qu'exigent les travaux de toute espèce, tels que les canaux de navigation et d'irrigation, le curage des rivières et des ports de mer, etc. Les volumes de terre à enlever ou à rapporter sont susceptibles d'être évalués au moyen des mêmes formules, soit que l'on fasse usage de profils, soit que l'on doive se contenter de plans cotés.

Dans tous les cas, il est nécessaire de calculer séparément les volumes de terre ou de matériaux à transporter qui, en raison de leur nature ou des difficultés de leur enlèvement, ne peuvent être assimilés aux terrassements ordinaires, attendu que le prix en est différent.

401. La longueur de ces calculs a conduit à examiner s'il ne serait pas possible de les abréger. On a réussi dans quelques cas particuliers, notamment lorsque la forme du terrain est assez régulière pour ne présenter, dans le profil en travers, qu'une ou deux lignes droites. L'administration des ponts et chaussées a fait calculer des tables qui fournissent alors très-rapidement les surfaces de déblai et de remblai, de sorte qu'il ne reste plus à calculer que les volumes. Quant à ces derniers, on ne connaît pas encore de moyens expéditifs pour les obtenir, à moins que ce ne soit aux dépens de l'exactitude.

Usage des profils dans les questions relatives aux cours d'eau.

402. Lorsque le régime d'un cours d'eau doit éprouver quelque modification par suite de l'établissement de certains ouvrages, et qu'il y a lieu d'étudier en détail le nouvel état de choses qui en résultera, on se sert, à cet effet, de profils levés dans la

14

longueur et en travers du lit, comme il a été expliqué dans le troisième livre.

Ces profils indiquent les hauteurs d'eau avant
l'exécution des ouvrages projetés, et toute la difficulté est d'y ajouter celles qui auront lieu après.

403. Pour obtenir ces dernières, on peut quelquefois procéder expérimentalement. S'il s'agit, par
exemple, d'un barrage à établir, et qu'il soit possible d'en faire un provisoire, on les relève alors directement par un nivellement ordinaire. C'est là le
moyen le plus sûr de résoudre cette question; mais
il est loin d'être toujours praticable.

Le plus souvent on est dans la nécessité de recourir aux lois de l'écoulement des fluides pour déterminer les circonstances principales du régime futur.
Ces recherches, qui exigent des connaissances d'un
ordre élevé, sont fort délicates, et les hauteurs d'eau
ainsi déterminées par le calcul demeurent, suivant
les cas, sujettes à plus ou moins d'incertitude. Quoi
qu'il en soit, on y apporte un soin extrême, car les
questions d'intérêt général ou litigieuses que font
naître les entreprises sur les cours d'eau sont de leur
nature très-compliquées, et touchent à de nombreux
et puissants intérêts.

404. Par exemple, un particulier voudrait établir
une usine sur une rivière, et en exhausser à cet effet le niveau par une retenue. Il y a lieu alors d'examiner quelles en seront les conséquences :

1° Pour la navigation, si la rivière est navigable;

2° Pour les passages à gué situés dans le voisinage : une trop grande hauteur d'eau les rendrait impraticables ou dangereux;

3° Pour la propriété riveraine publique ou privée : on doit faire en sorte qu'elle n'ait point à souffrir d'inondations permanentes ou passagères, ou du moins rechercher les moyens de l'en préserver;

4° Pour les usines déjà établies sur le même cours d'eau : il faut que le remous causé par la nouvelle retenue ne puisse gêner le mouvement de leurs roues, etc.

Ces simples énoncés font voir combien de considérations diverses doivent être embrassées dans l'étude de ces questions.

405. Il est indispensable que les profils soient levés avec toute la précision que comporte l'art du nivellement. Dans les pays où les chutes d'eau sont complétement utilisées, on voit des industriels se disputer quelques millimètres de chute, et soutenir des procès importants pour cet objet. L'ingénieur chargé d'éclairer la justice ou l'administration doit niveler assez exactement pour donner un avis avec parfaite connaissance de cause.

406. Pour satisfaire aux diverses conditions qu'impose la disposition des rives ou la présence d'établissements industriels déjà existants, il suffit de considérer la hauteur de l'eau dans les divers profils, ceux-ci étant, bien entendu, levés sur tous les points

où cette hauteur a de l'importance. Toutefois cela ne dispense pas de reconnaître la figure du lit, attendu que les formules relatives à l'écoulement des fluides dépendent de la surface des sections et de leur périmètre, ainsi qu'on le voit dans les ouvrages sur l'hydraulique. C'est d'ailleurs avec ces sections que l'on juge du volume d'eau débité pendant chaque unité de temps, élément essentiel dans un grand nombre de circonstances.

Observations sur les profils.

407. Pour faciliter l'intelligence des profils, les ingénieurs sont dans l'usage d'y appliquer certaines teintes qui sont le plus souvent commandées par les règlements intérieurs des divers services.

Dans celui des ponts et chaussées, les déblais sont indiqués par une teinte *jaune*, et les remblais par une teinte *rouge* (*).

Les eaux reçoivent une teinte bleue, et la ligne d'eau observée dans le nivellement est tracée également en bleu. Mais les hauteurs d'eau projetées s'expriment par une ligne rouge.

Enfin, pour ajouter à l'effet des profils, on les borde, du côté de la terre et des pleins, d'un liséré brun à l'encre de Chine ou à la sépia.

(*) La gravure ne pouvant rendre ces teintes, on y a suppléé, sur les figures 62 et 63, par des hachures pleines pour les déblais et pointillées pour les remblais.

On doit indiquer, autant que possible, sur les profils, les coupes des murs, perrés, aqueducs, et autres ouvrages qu'ils rencontrent. Un choix judicieux d'échelles (*), une disposition bien entendue des diverses parties du dessin et des écritures nécessaires, contribuent beaucoup à la clarté des projets.

Usages des sections horizontales.

408. La description d'un terrain au moyen de ses lignes de niveau ou sections horizontales est complète lorsque ces courbes sont assez rapprochées pour accuser toutes ses ondulations, et que la droite tirée de l'une à l'autre, dans le sens de la plus grande pente du terrain, coïncide sensiblement avec sa surface; car on peut alors, étant donné un point quelconque a sur le plan, déduire sa cote de celles des sections voisines.

En effet, soit $a'a''$ une droite menée par le point donné a, dans le sens de la plus grande pente, la mesure de cette dernière sera égale à l'équidistance Fig. 67. connue E des sections, divisée par la longueur $a'a''$; et par conséquent on aura, pour les distances verticales du point a aux plans des sections voisines $a'a_1, a''a_2$, les formules $E\dfrac{aa'}{a'a''}$, $E\dfrac{aa''}{a'a''}$.

(*) Les échelles des figures 62 et 63 sont celles que l'on adopte le plus souvent pour les profils des routes : on peut en choisir d'autres, selon l'étendue des nivellements dont on s'occupe ou l'importance des détails qu'il s'agit de mettre en évidence.

409. On voit que si l'on divise toutes les lignes de plus grande pente menées entre deux sections consécutives, en parties proportionnelles aux segments aa', aa'', le lieu des points ainsi obtenus formera une nouvelle section horizontale du terrain, intercalaire entre les deux premières.

410. REMARQUE. La ligne de plus grande pente menée par un point d'une surface est perpendiculaire ou normale, sur le plan comme dans l'espace, à la section horizontale qui passe par le même point *. D'après cela, pour résoudre le problème ci-dessus, il faudrait connaître la section que détermine le point a, et la droite $a'a''$ lui serait normale. Or cette courbe n'est pas donnée, et il semble que l'on est dans un *cercle vicieux.*

Cette difficulté sera levée si l'on observe qu'il ne s'agit ici que d'une approximation. La ligne cherchée de plus grande pente se détermine avec une exactitude suffisante, soit à vue, par sentiment, soit en menant par le point donné a une droite qui fasse des angles égaux avec les sections voisines, ou même qui soit simplement normale à l'une d'elles, lorsque leur écartement horizontal n'éprouve pas de variation trop rapide.

411. Il est facile de construire le profil du terrain suivant une ligne donnée sur le plan, puisque l'on a les distances horizontales des divers points de cette ligne, et leurs cotes. On peut donc appliquer, avec ces données, la construction du n° 263.

* 354.

En général, les sections horizontales se prêtent aux recherches géométriques aussi bien que les profils.

412. C'est surtout dans les questions de tracés qu'elles sont d'un précieux secours.

On voudrait, par exemple, tracer un canal de dérivation pour amener à un point donné sur la berge d'une vallée l'eau d'un ruisseau ou d'une rivière qui en occupe le fond.

En suivant la section horizontale à laquelle appartient la cote du point d'arrivée jusqu'à la rencontre du lit, on obtient le tracé d'un canal où l'eau demeurerait sans écoulement.

Soit maintenant i la pente qui correspond au degré de vitesse que l'on doit prendre; on se relèvera de la pente totale E par chaque longueur $\dfrac{E}{i}$ parcourue horizontalement; de sorte que si l'équidistance $E = 4^m$, et la pente par mètre $i = 0^m.005$, il faudra s'élever de 4 mètres pour 800 mètres. En d'autres termes, la longueur de la portion de canal comprise entre deux sections consécutives sera de 800 mètres. Il est facile, d'après cela, d'en effectuer le tracé.

413. On s'y prendrait de même si l'on voulait tracer à la surface du terrain une route ayant une pente i. Cela se réduit à chercher une ligne dont les arcs compris entre les sections horizontales soient égaux à $\dfrac{E}{i}$.

Il est évident que ce problème cesse d'être possible lorsque l'écartement de deux sections consécutives, dans le sens horizontal, surpasse $\dfrac{E}{i}$. Alors toute ligne tracée à la surface du terrain a une pente moindre que i.

414. REMARQUE. On peut aller, en général, d'une section à la suivante, avec la pente i, par deux chemins à peu près symétriques relativement à la ligne de plus grande pente du point de départ. Mais l'un de ces chemins se trouve, par rapport à cette ligne, du même côté que le point où l'on veut arriver, et le second de l'autre côté. Pour les distinguer entre eux, on appellera le premier *chemin direct* et le dernier *chemin indirect,* dénominations qui ne s'appliquent qu'au point de départ. Nous admettrons, en outre, qu'un chemin est continu ou discontinu suivant qu'il traverse ou non toutes les lignes de plus grande pente qu'il rencontre.

415. Supposons que l'on demande par quelle ligne on peut aller d'un point donné a à un autre point b également donné, avec la pente i.

Fig. 68.

J'admettrai, pour plus de facilité, que a et b sont sur un même versant de montagne, et qu'on peut les joindre par une pente unique plus grande que i. De a conduisons vers b une ligne *directe et continue* ayant la pente i. Allons ensuite de b par une ligne *indirecte,* mais *continue,* vers a, nous rencontrerons quelque part, en c, le tracé ac, et la ligne brisée acb

sera une solution. Il est facile d'en obtenir une autre
adb, en allant *indirectement* de *a* vers *b*, puis *directement* de *b* vers *a*.

S'il y avait entre ces points un tracé dont la pente
fût moindre que *i*, les intersections *c, d* tomberaient
en dehors de la zone comprise entre les sections horizontales de *a* et *b*.

Si les points *a, b* étaient situés sur deux versants
séparés par une vallée, un plateau ou un espace quelconque ne présentant aucune pente supérieure à *i*, le
problème admettrait un plus grand nombre de solutions, en raison du nombre de manières dont il serait possible d'arriver à la limite de cet espace, par
des chemins continus avec la pente *i*. Toutefois il
faut remarquer que, dans les questions de routes et
de canaux, on s'attache à suivre des chemins continus, et que l'on évite autant que possible les changements brusques de direction. Aussi, quoique le
nombre des solutions, dans le sens purement géo-
métrique, soit illimité, il est très-restreint dans la
pratique.

416. Sans doute les tracés ainsi obtenus par la
considération des sections horizontales ne sont pas
toujours immédiatement admissibles. Certains contours ont besoin d'être adoucis, quelques parties du
tracé sont susceptibles d'être abrégées, soit par des
remblais qui permettent de traverser un vallon,
soit par des déblais ou coupures, etc. Mais l'expérience a démontré qu'il suffit de les modifier légère-

ment dans la plupart des cas pour obtenir la solution la plus satisfaisante.

Observations sur les sections horizontales.

417. L'idée si ingénieuse et si féconde d'exprimer le relief du sol par des sections horizontales est attribuée à Philippe Buache, géographe français; du moins c'est lui qui le premier a fait usage de cette notation en traçant sur une carte de la Manche, en 1732, les lignes d'égale profondeur de la mer (*).

Un demi-siècle plus tard, vers 1780, Ducarla fit entrer dans la pratique cet utile système. Il a été adopté avec succès par le général Meusnier, pour le service des fortifications. C'est par des courbes horizontales que les ingénieurs-géographes expriment le relief du terrain sur les feuilles-minutes de la carte de France publiée par le dépôt de la guerre. Chaque jour enfin il se répand davantage.

418. La représentation d'un terrain par ses lignes de niveau est le moyen le plus sûr d'offrir aux yeux la comparaison de toutes les hauteurs. Ce procédé est celui qui permet de juger avec la plus grande certitude le mérite du système des pentes et rampes d'un projet. Les personnes qui sont appelées à s'occuper de travaux publics ne sauraient donc trop se le rendre familier.

(*) Voir la note IX, à la fin du volume.

Tables de repères.

419. Il serait extrêmement utile d'avoir pour chaque localité une table indiquant les cotes d'un certain nombre de points remarquables rapportées à un repère unique. On aurait ainsi le moyen de vérifier tous les nivellements qui pourraient s'y rattacher, et par suite d'abréger considérablement ces opérations.

Des tables de cette espèce ont été dressées déjà par quelques ingénieurs, principalement pour les chemins de fer (*). Si cet exemple était suivi, et que tous les repères, exactement vérifiés, fussent, en outre, rapportés à une même surface de niveau, il est aisé de comprendre quels immenses avantages résulteraient d'un semblable travail.

A la vérité, la nouvelle carte de France, publiée par le dépôt de la guerre, semble atteindre ce but, puisqu'elle donne les hauteurs des points principaux du sol au-dessus du niveau de la mer. Mais ces hauteurs sont bien loin d'offrir le degré d'exactitude nécessaire pour un nivellement rigoureux; elles ne peuvent servir qu'à faire connaître les mouvements généraux du sol *.   * 494.

420. La formation d'une table partielle de repères se réduit à réunir les cotes des points remarquables de

(*) La *nouvelle notice sur les nivellements*, par M. Bourdaloue, contient plusieurs de ces tables de repères.

chaque nivellement particulier. On peut faire usage,
pour cela, du modèle ci-dessous.

DÉSIGNATION DES REPÈRES.	COTES des NIVELLEMENTS particuliers.	ALTITUDES.	OBSERVATIONS.
Margelle du puits au ha-meau des Ambeaux. . .	90ᵐ.781	120ᵐ.300	Le zéro de la basse mer est au port de Cette.
Parapet du pont, côté sud, canal du Valentin. . . .	96 .297	114 .784	
etc., etc.			

La seconde colonne reçoit les cotes rapportées au
repère local que l'on a choisi provisoirement. Pour
remplir la troisième, il faut connaître la relation de
hauteur de ce repère avec le niveau de la mer basse.

Il paraît que ce niveau n'est pas le même
dans tous les ports de mer, soit qu'il ait été mal déterminé, soit qu'il varie naturellement le long des
côtes. On ne pourrait savoir la vérité à cet égard que
par un nivellement général qui les suivrait dans leur
développement (*). Mais, tant que ce travail n'aura
pas été fait, il faudra dire à quel point de la basse
mer on s'est rattaché.

(*) On pourrait ainsi vérifier si, comme plusieurs savants l'ont annoncé, certaines parties des côtes maritimes sont dans un état continuel
d'oscillation.

LIVRE CINQUIÈME.

LES NIVELLEMENTS EXPÉDITIFS.

I. *Description et usage des clisimètres.*

Niveau de pente de Chézy.

421. Cet instrument, appelé par quelques auteurs *clinomètre, clitomètre,* et *niveau de pente de l'ingénieur des ponts et chaussées,* est le plus connu de tous les clisimètres (*). Il se compose d'une règle AB Fig. 69. qui porte une bulle M, et aux extrémités de laquelle s'élèvent, à angle droit, deux pinnules AC, BD de hauteurs inégales.

La plus grande, BD, est un cadre rectangulaire Fig. 70. évidé dont les montants latéraux maintiennent, à coulisses, le châssis *bd,* qui peut se mouvoir dans le sens vertical. On le fait monter ou descendre à la main, à l'aide d'un bouton saillant G ; mais, quand on veut le faire marcher lentement, on serre au

---

(*) Ce nom, qui signifie *mesureur de pente,* est tiré des deux mots grecs κλίσις, *pente,* et μέτρον, *mesure.* Il y aurait eu inconvénient à maintenir la dénomination de *clinomètre,* qui appartient à un instrument employé par les marins ; celle de *clitomètre,* tirée de κλίτος, qui signifie également pente, aurait pu être conservée, mais il est préférable, sous le rapport de l'euphonie, de dire *clisimètre.*

moyen de la vis latérale **H** deux brides fixées au châssis, lesquelles embrassent un tube creux ou canon, traversé dans sa longueur par la vis sans fin **KL** dont les extrémités sont prises dans deux collets **K, L**, qui lui permettent de tourner sans avancer. C'est alors le châssis qui se meut verticalement, entraîné par les brides. Ce mouvement s'opère au moyen d'une large tête plate placée sous l'extrémité de la règle **AB**.

Le châssis *bd* est percé d'un petit trou rond *m*, évasé en cône intérieurement. C'est au sommet de ce cône que l'observateur applique l'œil pour viser. A côté de ce petit trou est une fenêtre rectangulaire *no* sur laquelle sont tendus deux fils se coupant à angle droit, à la hauteur du point *m*.

Fig. 76.　La seconde pinnule **AC** porte un châssis *ac* entièrement semblable à celui qui vient d'être décrit, seulement il n'est susceptible que d'un déplacement très-petit. On le fait mouvoir en tournant la tête carrée de la vis **V** à l'aide d'une clef. Un ressort placé au bas du cadre repousse le châssis en haut, lorsqu'on desserre cette vis, et cède lorsqu'on la serre.

La visière ou l'oculaire de chacune des pinnules correspond exactement à la croisée des fils de l'autre, et les rayons visuels de l'observateur, quand il applique l'œil successivement aux deux pinnules, sont dans des plans verticaux parallèles entre eux.

On voit, par cette description, que le niveau de pente de Chézy n'est autre chose qu'un niveau à pinnules, modifié de manière à pouvoir incliner plus ou moins le rayon visuel, sans que la bulle sorte de ses repères; il est monté d'ailleurs d'une manière toute semblable.

422. L'un des côtés du cadre de la grande pinnule porte une échelle divisée, et un index marqué sur le châssis mobile fait connaître l'inclinaison du rayon visuel. Pour construire cette échelle, il suffit de rendre le rayon visuel TU horizontal, la bulle M Fig. 69. étant entre ses repères. Alors l'index correspond au point zéro. Si l'on veut ensuite que ce rayon prenne une inclinaison donnée i, la quantité dont il faudra élever la croisée des fils actuellement en U s'obtiendra * en faisant le produit de la longueur TU, me- * 358. surée entre les faces extérieures des pinnules, par le taux i de la pente que l'on considère.

Soit, par exemple, TU $= 0^m.30$ et $i = 0^m.10$; le produit de ces deux nombres est $0^m.03$. D'où je conclus qu'en faisant UU$' = 0^m.03$ la droite ou le rayon visuel TU$'$ aura l'inclinaison demandée.

On calculerait de même la longueur UU$' = 0^m,06$, qui répond à une inclinaison de $0^m.20$ par mètre.

La division de cette dernière longueur en 200 parties égales donnerait les millimètres d'inclinaison, et rien n'empêcherait de la prolonger dans toute l'étendue de la course de l'index marqué sur le châssis. Mais il est bien clair que les divisions, ainsi obtenues, seraient d'une lecture difficile à cause de leur extrême petitesse, vu le peu de longueur de l'échelle, à moins, toutefois, de faire la règle AB beaucoup plus longue que dans l'exemple ci-dessus.

Par ce motif, au lieu de diviser l'intervalle UU″ de $0^m.06$ en 200 parties, on en fait un nombre moindre, 40 par exemple, dont chacune accuse $0^m.005$ de pente, et l'on trace sur le bord du châssis un *vernier* qui permet d'apprécier les millimètres.

423. Ce vernier n'est autre chose qu'une longueur égale à quatre des parties ci-dessus, c'est-à-dire répondant à une inclinaison de $0^m.02$, que l'on divise en cinq parties égales, comprenant chacune par conséquent $0^m.004$, de sorte que la différence entre celles-ci et les premières donne $0^m.004$ de pente.

Ceci compris, supposons qu'après avoir dirigé le rayon visuel sur un objet éloigné, le vernier soit dans la position *uv*. On lit la pente en comptant d'abord le nombre de divisions entières qui se trouvent au-dessous de l'index ou du zéro du vernier, soit 0.045 d'après la figure. Puis on suit de l'œil les divisions de celui-ci, et, comme le trait n° 2 tombe vis-à-vis d'un trait de l'échelle, on en conclut que la fraction de division restant au-dessous du zéro du vernier exprime *deux* millimètres de pente; car, en redescendant, le premier trait de l'échelle est en avance de $0^m.004$ de pente sur le premier trait du vernier, et le deuxième de $0^m.002$, de sorte que l'on a pour la pente lue $0^m.047$.

Remarque. Le vernier peut comprendre généralement N — 1 divisions de l'échelle; en le divisant en N parties égales, on a de nouvelles divisions dont la différence avec les premières est la $N^{ième}$ partie de celles-ci.

La fraction qu'il faut ajouter aux divisions entières lues sur l'échelle est égale à autant de fois cette $N^{ième}$ partie que l'on compte de divisions du vernier entre son zéro et celui de ses traits qui tombe vis-à-vis de l'un de ceux de l'échelle.

424. Avant de se servir du niveau de pente, il faut le vérifier ou le rectifier, c'est-à-dire s'assurer que le rayon de visée est bien horizontal lorsque l'index marque zéro, sinon régler l'instrument de manière que cette condition soit remplie. A cet effet on appelle la bulle entre ses repères en tournant la vis à caler S, puis on fait couvrir un point éloigné, par exemple le voyant d'une mire, par la croisée des fils de la grande pinnule. Si, après avoir retourné l'instrument bout pour bout autour de la tige qui le supporte et ramené la bulle au milieu de son tube, le même point se trouve sous la croisée des fils de la petite pinnule, c'est une preuve qu'il est juste.

Dans le cas contraire, on rachète la différence observée moitié en tournant la vis V du châssis de la petite pinnule, moitié en tournant la vis à caler S.

REMARQUE. La hauteur du rayon de visée étant sujette à changer dans le retournement du niveau de pente, lorsque la tige s'écarte de la verticale, on aura soin de tenir la mire éloignée, afin que l'angle qui a son sommet au centre du voyant et qui est sous-tendu par la différence de hauteur entre les deux rayons de visée soit négligeable.

On peut d'ailleurs substituer à ce procédé de rectification l'un de ceux qui sont indiqués dans le second livre, aux n⁰ˢ 129 et 178.

425. L'usage de ce clisimètre pour trouver la pente de la droite menée entre deux points donnés a, b se présente de lui-même. On installe l'instrument de manière que l'oculaire de la petite pinnule se trouve en A dans la verticale du point a, supposé plus bas que b. On fait ensuite poser sur ce dernier point une mire Bb dont le voyant B a été fixé en prenant Bb = Aa. Cela fait, si l'on élève le châssis de la grande pinnule jusqu'à ce que la croisée des fils couvre la ligne de foi ou le centre du voyant, la pente demandée sera celle accusée par le zéro du vernier.

En effet, la figure ABba, ayant ses deux côtés Aa, Bb égaux entre eux et à fort peu près parallèles, peut être regardée comme un parallélogramme, et par conséquent l'inclinaison du côté ab ne diffère pas sensiblement de celle donnée par l'instrument pour le côté opposé AB.

Si le clisimètre était placé en b, c'est-à-dire au point le plus élevé, on le disposerait de manière à viser par l'oculaire de la grande pinnule, pour avoir un rayon visuel *plongeant*. Mais il faudrait placer la croisée des fils de la petite pinnule dans la verticale de b, afin de maintenir cette croisée à une hauteur constante.

Fig. 73.

Pour résoudre la même question par le nivellement proprement dit, il faudrait prendre les côtes des points a, b, retrancher la seconde de la première, puis diviser le reste par la distance de ces points mesurée dans le sens horizontal, et le quotient serait la pente cherchée.

426. Le niveau de pente de Chézy trouve sa principale application dans la recherche des tracés dont la *pente* est donnée. La marche à suivre consiste alors à disposer d'avance le châssis de la grande pinnule de manière que le rayon visuel ait l'inclinaison voulue, puis à chercher par tâtonnement un point tel qu'en y faisant poser une mire dont la hauteur est égale à celle de l'oculaire au-dessus du sol, la ligne de foi du voyant soit couverte par le fil de visée. Il est bien clair que la ligne qui va du pied de la verticale de l'oculaire à celui de la mire satisfait à la question.

On place l'instrument au point trouvé, et on en détermine un second par le même procédé ; on obtient ainsi, de proche en proche, le tracé dont la pente est égale à celle du rayon de visée.

427. Ces opérations marchent avec rapidité lorsque l'on s'est rendu familier l'usage du niveau de pente. Par la pratique on acquiert promptement l'habitude de donner au rayon de visée à fort peu près la direction convenable, ce qui diminue beaucoup les tâtonnements, lesquels prendraient beaucoup de temps, à cause de la nécessité de rappeler la bulle

à ses repères, pour chaque direction essayée.

428. On se sert aussi du niveau de pente pour déterminer les hauteurs de déblai et de remblai sur une ligne dont la pente est connue. Dans ce cas, l'inclinaison et la direction du rayon de visée et la hauteur de mire étant fixées d'avance, on fait poser la mire de telle sorte que la ligne de foi du voyant soit couverte par le fil horizontal de visée. La quantité dont son pied se trouve alors au-dessus ou au-dessous du sol indique la hauteur cherchée de remblai ou de déblai.

Pour plus de facilité, on rend le voyant mobile; alors tout se réduit à relever, comme par le niveau ordinaire, les cotes du terrain, et leurs différences avec la hauteur connue et constante du rayon de visée au-dessus de la ligne dont on s'occupe font immédiatement connaître les hauteurs cherchées de déblai et de remblai.

Observations sur les clisimètres.

429. Le niveau de pente, dont on vient de voir la description et l'usage, donne lieu, en ce qui concerne sa construction et particulièrement le système de genou sur lequel il est monté, aux mêmes remarques que le niveau à pinnules. Aussi en construit-on maintenant de bien plus commodes; ils sont établis avec la même perfection que le niveau d'Égault, et les instruments analogues dont la bulle s'écarte peu ou point de ses repères, quand on passe d'une direction

à l'autre du rayon de visée. Ces clisimètres n'ont pas d'autre inconvénient que d'être d'un prix assez élevé.

430. M. LEFRANC, ingénieur en chef des ponts et chaussées, a modifié le niveau de pente de Chézy en substituant à la règle métallique qui supporte les pinnules et la bulle une règle de bois longue de $0^m.50$, large de $0^m.025$ et haute d'environ $0^m.045$. Elle présente, dans son milieu, une cavité longitudinale où est encastré le tube de la bulle.

Il a supprimé les encadrements dans lesquels se meuvent les châssis. La pinnule destinée à se mouvoir verticalement est portée par une tige carrée qui traverse la règle et se prolonge au-dessous. L'échelle des pentes est gravée sur cette tige ; elle donne le demi-millimètre de pente au moyen d'un vernier placé à l'extrémité de la règle, devant lequel viennent se placer les divisions de l'échelle lorsqu'on la fait monter ou descendre. Cette précision s'obtient facilement, car les pinnules étant écartées de $0^m.50$, le centimètre de pente occupe $0^m.005$ sur l'échelle, et le demi-centimètre 0.0025. Si donc on donne au vernier $0^m.045$ de pente, et qu'on divise cet espace en 10 parties, la différence de chacune d'elles avec le demi-centimètre représentera la dixième partie du demi-centimètre de pente, c'est-à-dire le demi-millimètre.

Cette disposition procure l'avantage de pouvoir donner à l'échelle toute l'étendue qu'on désire, sans être limité en cela comme dans le clisimètre de Chézy.

En outre, l'oculaire étant toujours à la même distance
du bord supérieur de la pinnule, celle-ci ne risque
pas d'être heurtée par la visière d'une casquette ou
par le bord d'un chapeau.

La seconde pinnule est portée sur une tige beaucoup plus courte, et une vis placée sous la règle permet de l'élever ou de l'abaisser de la quantité nécessaire pour régler l'instrument.

Fig. 72. M. Lefranc a substitué à la croisée des fils deux
ouvertures m, n, de forme rectangulaire, percées
dans une plaque de laiton, de manière que deux des
côtés de l'une soient les prolongements des côtés
homologues de la seconde. On aperçoit plus facilement et de plus loin la ligne de foi du voyant à travers cette double croisée.

La plupart des pièces de cet instrument peuvent
être exécutées en bois. Il est simple, léger et peu
coûteux, et on peut le faire construire et réparer dans
la moindre petite ville.

431. Le plus simple de tous les clisimètres consiste dans un niveau de maçon sur la traverse duquel on a marqué une échelle de pentes. La division contre laquelle le fil à plomb vient battre marque l'inclinaison de la ligne sur laquelle l'instrument
est posé, car l'angle que fait le perpendicule avec la
ligne de foi est égal à celui que la traverse fait avec
l'horizontale.

On place le point milieu de l'échelle sur la ligne de
foi. Cette disposition a pour objet d'éviter à l'obser-

vateur la peine de noter si l'inclinaison du rayon de visée est ascendante ou descendante. En effet, supposons qu'il se soit imposé pour règle de placer toujours le perpendicule à sa droite lorsqu'il opère, les lectures appartiendront à des inclinaisons ascendantes ou descendantes, suivant qu'elles tomberont dans la seconde ou dans la première moitié de l'échelle.

Toutefois ces lectures n'exprimeront pas directement les pentes. Celles-ci s'obtiendront en prenant la différence de chaque nombre lu avec le nombre marqué au milieu de l'échelle. On aura ainsi les inclinaisons en centimètres et subdivisions du centimètre, selon la grandeur de la traverse horizontale de l'instrument.

432. Le clisimètre à perpendicule, auquel il est impossible d'adapter un vernier, ne trouve guère son application que dans les cas où l'on a besoin de connaître une inclinaison, et serait peu commode pour la recherche d'un tracé offrant une pente donnée.

On a fait des clisimètres dont le perpendicule, au lieu d'être un fil à plomb, consiste dans une aiguille mobile autour d'un axe horizontal; un petit poids la maintient dans une situation déterminée relativement à la verticale. La pointe de l'aiguille se meut sur un arc divisé, et indique de combien le rayon de visée, dirigé par deux ouvertures ou pinnules que porte l'instrument, s'écarte de l'horizontale. L'aiguille est renfermée dans une boîte à l'abri du vent (*).

433. La substitution de divisions angulaires à l'échelle des pentes rend nécessaire l'emploi d'une table calculée d'avance, laquelle n'est autre chose que la table des tangentes des arcs. Toutefois cette sujétion est rachetée par la possibilité de faire usage d'un vernier pour la lecture des angles.

Par exemple, dans le clisimètre dérivé du niveau de maçon, on substitue au perpendicule un bras mobile autour du point A comme centre; son extrémité porte un vernier qui court sur un arc divisé, incrusté dans la traverse BC. Ce bras porte une bulle qu'on règle de manière qu'elle tombe entre ses repères lorsque les pieds P, Q sont de niveau entre eux. Il faut en même temps que le zéro du vernier et le point milieu de l'échelle coïncident. Les lectures se font comme il a été indiqué ci-dessus au n° 431.

434. Quand on se propose uniquement de chercher un tracé sur le terrain, il n'est point nécessaire d'avoir un clisimètre portant une graduation. En effet, supposons que l'on ait un instrument formé de deux règles AB, A'B' assemblées sur AA', pourvues de pinnules ou visières, et dont l'écartement puisse être maintenu constant au moyen de la traverse B'C. On fera porter une mire en m, à 10 mètres de

---

(*) On peut voir, dans le recueil des machines approuvées par l'Académie des sciences, tome VIII, un clisimètre de l'invention de l'abbé *Soumille*, où l'aiguille est liée à un pendule, de manière que les moindres mouvements de ce dernier soient rendus très-sensibles.

distance de A, par exemple, et au moyen du rayon de visée horizontal A'B' on déterminera le point M' sur cette mire. On marquera ensuite un second point M tel que l'on ait MM' = dix fois la pente donnée plus la hauteur AA'; enfin on fera tourner la règle AB autour de A, jusqu'à ce que le point B tombe dans la direction de AM. Alors le rayon de visée déterminé par cette règle aura évidemment la pente voulue.

Tous les instruments destinés à mesurer les angles verticaux sont propres à remplir le même objet.

On pourrait même facilement modifier la plupart des niveaux connus de manière à les mettre ainsi en état de servir à la détermination des tracés dont les pentes sont assignées d'avance (*).

435. Je terminerai par indiquer le moyen de faire, dans certains cas, la même recherche avec un niveau proprement dit, un niveau d'eau par exemple.

Il suffit de s'astreindre à tenir la mire à une distance constante du niveau. Supposons, pour fixer

(*) Le niveau réflecteur de M. *Burel* se transforme surtout avec beaucoup de facilité en clisimètre, puisque l'on peut incliner plus ou moins le miroir qu'il porte. On peut consulter, à ce sujet, les notes publiées par M. le chef de bataillon du génie *Leblanc*.

M. *Courtois*, ingénieur en chef des ponts et chaussées, a imaginé de rendre le plateau du niveau-cercle de Lenoir, mobile autour d'une charnière horizontale, de telle sorte qu'on puisse l'incliner plus ou moins. Alors les points qui tombent sous la croisée des fils de la lunette, au lieu d'être dans un plan horizontal, se trouvent dans un plan incliné, et appartiennent à des tracés dont la pente, quoique variable, ne peut excéder celle qu'on a donnée au plateau de l'instrument.

les idées, qu'on veut trouver le point d'une rampe
de $0^m.05$ par mètre, et que l'on ait $AB = 10^m$.
b étant le point cherché, on aura $Aa - Bb = 0^m 50$
ou $Bb = Aa - 0^m.50$; de la hauteur Aa on retranchera donc $0^m.50$, et on cherchera, à 10 mètres de
distance de A, en quel point il faut placer la mire
bB pour que la ligne de foi du voyant B tombe dans
la direction du rayon horizontal de visée.

Fig. 74.

II. *Nivellement trigonométrique.*

Nivellements à petites portées.

Fig. 78.

436. Étant donné deux points a, b, dont on connaît la distance horizontale AB', pour trouver leur différence de niveau on fera poser au second de ces
points une mire verticale bB, qui puisse être facilement aperçue du premier ou de tout autre point A
convenablement placé sur la verticale aU, puis on
mesurera l'angle UAB. Cela fait, on aura

$$BB' = AB' \times \text{tang } BAB' = AB' \times \text{cot } UAB.$$

L'angle BAB', compris entre le rayon de visée AB
et l'horizontale AB' menée dans le plan vertical de ce
rayon, est *la hauteur angulaire* du point B ou sa
distance à l'horizon. Son complément, formé par le
même rayon et par la verticale AU, est la *distance
zénithale* de B.

437. La formule qui donne BB' exige l'emploi des
tables de logarithmes ; c'est pourquoi on la met sous

la forme

$$\text{Log BB}' = \log \text{AB}' + \log \text{tang BAB}'$$
$$\text{Log BB}' = \log \text{AB}' + \log \text{cot UAB}.$$

Pour plus de facilité, je poserai $BB' = dN$, $AB' = K$, $BAB' = A$ et $UAB = u$, on aura donc

$$\log dN = \log K + \log \text{tang } A = \log K + \log \text{cot } u.$$

Certains instruments donnent immédiatement la hauteur angulaire des objets, et d'autres leurs distances zénithales ; on emploiera la première formule ou la seconde, suivant le cas.

Connaissant dN et les hauteurs Aa, Bb de l'instrument et de la mire, on trouve pour la différence de niveau cherchée $bB' + Aa$ ou $dN + Aa - Bb$.

438. On a supposé implicitement, dans ce qui précède, que l'angle UAB est aigu. S'il était obtus, Fig. 79. on aurait

$$dN = K \times \text{tang BAB}' = K \times \text{tang (UAB} - 90°),$$

et les logarithmes s'appliqueraient comme ci-dessus.

Dans ce cas, l'angle BAB' prend le nom de *dépression* du point B.

La différence de niveau entre a et b serait visiblement égale à $bB' - Aa$ ou $dN + Bb - Aa$.

439. Il peut arriver que la cote du point b soit connue d'avance, et que l'on ait besoin de connaître celle du point a où l'instrument est établi. Alors le problème se résout encore comme on vient de l'expliquer, au moyen de la longueur calculée de dN, et des hauteurs Bb, Aa du point de mire et de l'instrument au-dessus des points donnés b, a.

440. On remarquera que ces solutions reviennent à celle du n° 18 ; seulement la hauteur bornée de la mire ne permet pas de trouver bB' par le moyen d'un rayon de visée horizontal : on y supplée en calculant dN, et cette longueur combinée avec Bb par voie d'addition ou de soustraction procure le coup de niveau qu'on aurait donné de A sur b si la chose avait été possible.

De plus, si du point A on prend les hauteurs angulaires ou distances zénithales de deux ou d'un plus grand nombre de points, on pourra calculer leurs cotes relatives au plan horizontal de visée, et par conséquent, en déduire, conformément à ce qui a été dit au n° 60, leurs cotes relatives à un plan quelconque de comparaison. En un mot, ce nivellement ne diffère du nivellement ordinaire que par la manière d'obtenir les hauteurs de mire.

441. Il n'y a lieu de faire usage des formules trigonométriques précédentes qu'autant que la portée K ou la distance horizontale de l'instrument à la verticale du point de mire n'excède pas une certaine limite, au delà de laquelle la différence entre la hauteur du niveau apparent au-dessus du niveau vrai et l'abaissement causé par la réfraction deviendrait trop forte eu égard au degré d'exactitude qu'on veut conserver dans les opérations.

Cette différence étant donnée, comme on l'a vu dans le premier livre, par la formule $\frac{2}{3} \cdot \frac{K^2}{10000000}$, on peut en déduire la limite K qui correspond à une erreur donnée e, car on a $K = 1000 \sqrt{15\,e}$.

Nivellements à grandes portées.

442. Lorsque la distance du point de mire est trop considérable pour qu'il soit permis de négliger la courbure des surfaces de niveau et l'erreur de réfraction, il faut recourir à des formules où l'on tienne compte de ces deux quantités.

Soient A, B deux points dont on veut connaître la difference de niveau dN. Par le premier de ces points Fig. 80. concevons le plan vertical BAC, dans lequel C est le centre de courbure de l'arc de niveau AB', entre A et CB, et menons l'horizontale AB_0, on a

$$dN = BB' = B'B_0 + B_0B.$$

$B'B_0$ n'est autre chose que la hauteur du niveau apparent sur le niveau vrai, et a, par conséquent, pour valeur $^*\dfrac{K^2}{2R}$. Quant à B_0B, on calcule cette portion * 19. de la hauteur BB' au moyen des éléments du triangle ABB_0, dans lequel AB_0 est sensiblement égal à AB', la différence de longueur entre la tangente et l'arc étant inférieure à $0^m.04$ lorsque ce dernier n'excède pas 10 kilomètres; on peut donc écrire $B_0B : K : : \sin A : \sin B$. Mais $\sin B = \cos(A + C)$, et par suite $B_0B = \dfrac{K \cdot \sin A}{\cos(A + C)}$. Donc enfin l'expression ci-dessus de dN devient

$$dN = \frac{K^2}{2R} + \frac{K \sin A}{\cos (A + C)}.$$

443. La hauteur angulaire A_1 ou B_1AB_0 donnée par l'observation est trop forte, attendu que la trajectoire lumineuse BA est courbe, et qu'on voit le point de mire B en B_1 plus haut qu'il n'est en réalité. C'est pourquoi elle doit être réduite d'une quantité que l'on regarde comme proportionnelle à l'angle C; par ce motif, on pose $A = A_1 — nC$. Le nombre n qui prend le nom de *coefficient de réfraction* est variable avec l'état de l'atmosphère (*), mais sa valeur moyenne en France est égale à 0.08. On retranchera donc nC de la hauteur A_1 accusée par l'instrument, et le reste obtenu sera la hauteur vraie A.

Pour évaluer l'angle C, on se sert de la distance horizontale K. Chaque kilomètre de l'arc de niveau AB' répondant à $0'.54$ ou $32''.40$, on exprimera C en minutes par la formule $C = 0'.00054K$, et en secondes par la formule $C = 0''.0324K$.

Toutes corrections faites, on a, en prenant $n = 0.08$,

$$dN = 0.0000000785\,K^2 + \frac{K . \sin (A_1 — 0'.0000432\,K)}{\cos (A_1 + 0'.0004968\,K)}.$$

Soient, par exemple, $A_1 = 4°44'34''.8$ et $K = 8675^m$.

Le premier terme a pour valeur $5^m.91$. Pour effectuer le calcul du second, on le prépare en faisant les opérations indiquées entre parenthèses. Il de-

____

(*) Voir la note X à la fin du volume.

vient ainsi $\dfrac{8675 \times \sin 4° 44' 12''.31}{\cos 4° 48' 53''.38}$. Par les logarithmes, on trouve pour sa valeur $718^m.90$, de sorte
que l'on a finalement $dN = 724^m.84$.

444. Dans la pratique, on se sert ordinairement,
pour calculer dN, d'une autre formule que nous
allons déduire de considérations moins rigoureuses
que les précédentes.

A cause que l'angle C est fort petit, le triangle
AB_1B_0 est presque rectangle en B_0, et l'on a très-
approximativement $B_0B_1 = K \, \text{tang} \, A_1$. De plus, l'angle A_1 n'étant, en général, que d'un petit nombre de
degrés, on peut supposer que l'erreur BB_1 causée
par la réfraction ne diffère pas sensiblement de celle
qui aurait lieu si l'on visait le point B_0 dans la ligne
du niveau apparent.

De là on déduit la formule

$$dN = K \, \text{tang} \, A_1 + \frac{K^2}{2R} - \frac{nK^2}{R},$$

où l'angle A_1 entre tel que le donne l'observation.

Avec les données de l'exemple ci-dessus, on obtient $dN = 724^m.72$, c'est-à-dire à fort peu près le
même résultat. La différence qu'on trouve dépend à
la fois de la distance K et de la grandeur de l'angle A.
Pour donner une idée de la manière dont cette différence varie lorsque ce dernier augmente, je réunis
ici les résultats comparés des deux formules en supposant $K = 10000^m$ et $n = 0.08$.

Valeurs de A.	Valeurs de dN. 1re formule.	Valeurs de dN. 2e formule.	Différences.
3°. . .	530^m.71 . .	530^m.67 . .	0^m.04
6. . . .	1057 .80 . .	1057 .64 . .	0 .16
9. . . .	1590 .80 . .	1590 .44 . .	0 .36
12. . . .	2132 .82 . .	2132 .16 . .	0 .66
15. . . .	2687 .13 . .	2686 .09 . .	1 .04
18. . . .	3257 .32 . .	3255 .79 . .	1 .53
21. . . .	3847 .37 . .	3845 .24 . .	2 .13
24. . . .	4461 .75 . .	4458 .88 . .	2 .87

Ce tableau indique clairement quelle erreur on peut commettre dans les différents cas de la pratique en se servant de la seconde formule, et permettrait même d'en corriger les résultats dans la limite de 24° de distance à l'horizon.

Les valeurs dN qui n'excèdent pas 500 mètres, ne s'écartent de la vérité que d'un petit nombre de centimètres.

445. Lorsque l'on voit d'un point la mer à l'horizon (*), on peut calculer l'*altitude* * de ce point au moyen de la dépression apparente A_1 de l'horizon sensible au-dessous de l'horizon vrai AH du lieu d'observation. En effet, la hauteur AA′ n'est autre chose que l'excès du niveau apparent sur le niveau vrai, du point A vu du point de contact T pris sur la mer. On a donc $AA' = \dfrac{\overline{AT}^2}{2R}$. Mais $AT = R$ tang C, et

$$C = HAT = A, \text{ donc } AA' = \frac{R}{2} \text{ tang}^2 A.$$

** 14.*
Fig. 81.

(*) Du mot grec ὁρίζω, *je termine*. Ce mot s'applique ici à l'horizon sensible, cercle qui borne la vue à la surface de la mer.

L'angle A_4 étant toujours fort petit, on peut poser tang $A_4 = A_4$, et en y ajoutant l'erreur de réfraction $nC = nA_4$, cette relation devient

$$AA' = \tfrac{1}{2} R (1 + n)^2 \; \text{tang}^2 \; A_4.$$

Ce procédé de nivellement ne comporte pas une grande exactitude, parce que la dépression apparente A_4 de l'horizon *sensible* est très-variable pour une même hauteur AA'. Dans les circonstances les plus favorables aux observations, on ne peut guère espérer la connaître à une minute près. Aussi les erreurs possibles sont-elles de plusieurs mètres.

Nivellement réciproque.

446. Les méthodes précédentes ne font connaître les différences de niveau qu'à l'aide du coefficient de réfraction, lequel varie avec l'état de l'atmosphère, et dont la véritable valeur est toujours plus ou moins incertaine; mais on peut, au moyen d'observations réciproques, résoudre la question indépendamment de ce coefficient.

A et B étant les deux points dont on veut trouver Fig. 82. la différence de niveau $dN = BB'$ et C le centre de courbure de l'arc horizontal AB', si l'on tire la corde AB' de cet arc, on a la relation

$$BB' : AB' :: \sin BAB' : \sin ABB',$$

et par suite, en remarquant que AB' ne diffère pas sensiblement de K,

$$dN = \frac{K \sin BAB'}{\sin ABB'}.$$

16

Soit maintenant A′ le point où la verticale AU est rencontrée par la circonférence circonscrite au triangle ABB′; les angles B′AC, ABC étant égaux entre eux, on a nécessairement AA′ = BB′. Il s'ensuit que l'angle VBA a pour mesure $\frac{1}{2}$ (A′B + 2BB′); et comme UAB a pour mesure $\frac{1}{2}$ A′B, celle de leur différence VBA — UAB est l'arc BB′. Mais l'angle BAB′ a pour mesure $\frac{1}{2}$ BB′, donc on a

$$BAB' = \tfrac{1}{2}\,(VBA - UAB).$$

Quelle que soit l'erreur de réfraction des distances zénithales VBA, UAB, si elles sont réciproques et simultanées, cette erreur disparaîtra de leur différence, du moins en admettant qu'elle ne dépend que de la grandeur de C.

L'angle ABB′, dont le sinus forme le dénominateur de dN, n'étant autre chose que le supplément de VBA, il semble qu'on ne peut en éliminer le coefficient de réfraction; mais on y parvient très-facilement au moyen de la relation qui existe entre l'angle VBA extérieur au triangle ABC et les deux angles intérieurs BAC, ACB. On a, en effet,

$$VBA = BAC + ACB = BAB' + B'AC + ACB$$
$$= \tfrac{1}{2}\,(VBA - UAB) + \tfrac{1}{2}\,C + 90°,$$

d'où

$$\sin ABB' = \sin VBA = \cos \tfrac{1}{2}\,[VBA - UAB + C).$$

On peut donc écrire, en posant, pour abréger, VBA = v, UBA = u,

$$dN = \frac{K \sin \tfrac{1}{2}\,(v - u)}{\cos \tfrac{1}{2}\,(v - u + C)}.$$

Si l'on s'était servi du triangle ABA′ pour calculer dN, on aurait trouvé

$$dN = \frac{K' \sin \frac{1}{2}(v-u)}{\cos \frac{1}{2}(v-u-C)},$$

K′ désignant l'arc A′B.

447. On a $K' : K :: R + dN : R$, d'où

$$K' - K = \frac{K.dN}{R},$$

ce qui fait voir que la différence $K' - K$ sera peu considérable. Pour $dN = 635^m$, et $K = 10000^m$, on trouverait à peu près $K' - K = 1^m$. On s'assure d'ailleurs sans difficulté que les rapports

$$\frac{\sin \frac{1}{2}(v-u)}{\cos \frac{1}{2}(v-u+C)}, \qquad \frac{\sin \frac{1}{2}(v-u)}{\cos \frac{1}{2}(v-u-C)}$$

sont moindres que l'unité, toutes les fois que la plus petite distance zénithale u est plus grande que $45° + C$. Il en résulte que, dans ces limites, les deux expressions

$$\frac{K \sin \frac{1}{2}(v-u)}{\cos \frac{1}{2}(v-u+C)}, \qquad \frac{K \sin \frac{1}{2}(v-u)}{\cos \frac{1}{2}(v-u-C)}$$

donnent la différence de niveau dN à une fraction de mètre près; or on obtiendrait évidemment un résultat intermédiaire en supprimant C au dénominateur : donc l'erreur commise, en faisant usage de la formule plus simple

$$dN = K \tan \frac{1}{2}(v-u),$$

ne s'élèvera pas à 1 mètre, et tombera même fort au-dessous, si l'on s'astreint à ne calculer ainsi que des différences dN comprises dans la limite, en nombre rond, de 500 mètres. En effet, pour de grandes distances K, $\tang \frac{1}{2}(v-u)$ sera une petite fraction, et par conséquent la limite des erreurs commises en calculant dN se trouvera d'autant plus resserrée. Par exemple, pour $\dot K = 10000^m$ et $dN = 635^m$, on a $\tang \frac{1}{2}(v-u) = 0^m.0635$ et u est d'environ $86°21' + \frac{1}{2} C$.

448. Si l'on suppose, dans cette dernière formule, que la distance zénithale u soit seule connue, on remplacera $\frac{1}{2}(v-u)$ par $90° + \frac{1}{2}C - u$, et il faudra corriger u de l'erreur de réfraction nC. Il vient, par cette transformation,

$$dN = K \cot\left(u - \frac{1-2n}{2} C\right),$$

et en développant, au moyen des formules connues de la trigonométrie,

$$dN = K \cdot \frac{\cot u + \tang \dfrac{1-2n}{2} C}{1 - \tang \dfrac{1-2n}{2} C \cdot \cot u}.$$

Remarquons maintenant que $\dfrac{1-2n}{2} C$ étant un fort petit arc, on peut le substituer à sa tangente, et que l'on a $C = \dfrac{K}{R}$. Donc, finalement,

$$dN = \frac{K \cot u + \dfrac{K^2}{2R} - n\dfrac{K^2}{R}}{1 - \dfrac{1-2n}{2} \cdot \dfrac{K}{R} \cdot \cot u}.$$

On reconnaît dans le numérateur de cette dernière expression la forme sous laquelle dN est présenté au n° 444. En réduisant le dénominateur à l'unité, on l'augmente de la petite quantité $\dfrac{1-2n}{2}\dfrac{K}{R}\cot u$, ce qui fait que l'on a des résultats au-dessous de la vérité.

Réduction des distances zénithales aux sommets des signaux et aux centres des stations.

449. Il n'est pas ordinairement possible de mesurer directement les distances zénithales réciproques qui entrent dans les formules précédentes; les nivellements à grandes portées exigent que l'on prenne pour points de mire des objets assez élevés, tels que le sommet d'un poteau ou même d'un clocher, et l'on conçoit qu'il est impossible de s'y placer pour observer la station d'où l'on a visé ces points. Il en résulte la nécessité de se servir, en leur faisant subir quelques corrections, des distances zénithales observées de points choisis au-dessous des signaux, et même hors de leurs verticales.

Soient a, b deux points d'où l'on a pris les dis- Fig. 84. tances zénithales $ZaB = u_1$, $ZbA = v_1$ des signaux A, B que je suppose d'abord dans les mêmes verticales que a et b. Pour en déduire les distances $ZAB = u$, $ZBA = v$ *réduites aux sommets des signaux,* il suffit de remarquer que les triangles BAb, ABa donnent les deux proportions sin BAb : sin BbA : : Bb : AB et sin ABa : sin AaB : : Aa : AB, d'où l'on déduit

$$\sin \mathrm{BA}b = \frac{\mathrm{B}b}{\mathrm{AB}} \sin v_1 \quad \text{et} \quad \sin \mathrm{AB}a = \frac{\mathrm{A}a}{\mathrm{AB}} \sin u_1.$$

Pour de grandes portées, AB ne diffère pas sensiblement de la distance horizontale K qui sépare les deux signaux (*) ; on mesure directement ou par les procédés du nivellement à petites portées les différences de hauteur $\mathrm{A}a$, $\mathrm{B}b$ entre les signaux et les stations, et enfin on calcule par les tables de logarithmes les angles $\mathrm{BA}b$, $\mathrm{AB}a$ qu'il faut ajouter à u_1, v_1 pour avoir u et v.

450. Lorsque les stations ne sont pas dans les mêmes verticales que les signaux, il faut recourir à
Fig. 83. d'autres formules. Soient a' le point d'où l'on a observé la distance zénithale $\mathrm{U}'a'\mathrm{B} = u'$ et a_1, b_1 ceux où le plan horizontal $a'a_1b'$, mené en a', rencontre les verticales des signaux A, B. Abaissons a_1a'', perpendiculaire sur $a'\,b_1$, élevons en a'' la verticale $a''\mathrm{U}''$, et posons $a'\,a_1 = r$, nous aurons sans erreur sensible, du moins pour de grandes portées, l'angle $\mathrm{B}a_1b_1 = \mathrm{B}a''b_1$ ou $\mathrm{B}a''\mathrm{U}'' = \mathrm{B}a_1\mathrm{U}$. Or $\mathrm{B}a''\mathrm{U}'' = \mathrm{B}a'\mathrm{U}' - a'\mathrm{B}a'' = u' - a'\mathrm{B}a''$, et le triangle $\mathrm{B}a'a''$ donne $\sin a'\mathrm{B}a'' = \dfrac{a'a''}{\mathrm{B}a''} \cos u'$. On a d'ailleurs très-approximativement $a'a'' = r \cos a_1a'b_1$ et $\mathrm{B}a'' = \mathrm{K}$; donc, pour avoir u ou $\mathrm{U}a_1\mathrm{B}$, on retran-

---

(*) Si A B était trop incliné pour que cette égalité fût admissible, on aurait toujours la ressource de calculer $\mathrm{A}b$ au moyen de la distance zénithale unique v_1 et de la longueur horizontale K, ce qui donnerait un triangle $\mathrm{A}b\mathrm{B}$ où l'on connaîtrait les côtés $\mathrm{A}b$, $\mathrm{B}b$ et l'angle $\mathrm{A}b\mathrm{B} = v_1$ qu'ils comprennent ; on en déduirait toujours une valeur suffisamment approchée de $\mathrm{A}\mathrm{B}$.

chera simplement de u' l'angle dont le sinus est donné par la formule $\dfrac{r \cos a_1 a'b_1}{K} \cos u'$.

On réduira ensuite la distance zénithale u au sommet A comme il a été expliqué ci-dessus.

Manière de mesurer les angles verticaux.

451. Les instruments destinés à cet usage sont trop nombreux pour qu'on puisse en donner ici une description détaillée. Je me bornerai à indiquer les principes généraux qu'il importe le plus de connaître.

La partie principale de ces instruments est un limbe vertical divisé, comprenant tout ou partie du cercle. Autour de son centre se meut une lunette à réticule entraînant avec elle un ou plusieurs verniers qui rendent plus exacte la lecture des angles. Un niveau à bulle d'air est appliqué contre la face du limbe opposée à la graduation.

452. La lunette dont on parle ici n'est ordinairement pas susceptible de tourner sur elle-même comme celles des niveaux ; par suite, il n'y a plus de centrage, et les mouvements qu'on peut imprimer à la croisée des fils ont un tout autre objet, comme on le verra bientôt.

Pour faciliter l'intelligence de ce qui va suivre, je considérerai la lunette comme exempte de tout défaut, et ayant les surfaces de courbure des verres de l'objectif centrées sur un même axe, le long duquel se meut la croisée des fils du réticule. C'est le prolongement de cet axe que j'appellerai l'*axe optique* de la lunette (*).

453. Des vis de rappel permettent

1° D'amener exactement la croisée des fils de la lunette sur le point de mire, le limbe étant fixe;

2° De faire tourner le limbe dans son propre plan, afin d'amener le zéro de la graduation à correspondre à la position de la lunette dans laquelle son axe optique est horizontal. Il faut que la bulle soit alors entre ses repères, condition à laquelle on satisfait au moyen d'une troisième vis de rappel.

Tout ce système est monté sur un pied, de telle sorte que le plan du limbe puisse prendre toutes les directions possibles autour de la verticale du lieu d'observation.

454. Pour obsérver un angle, on met d'abord l'instrument en station sur son pied, puis, au moyen des mouvements généraux qu'il est susceptible de prendre, on rend le limbe vertical, et on appelle la bulle au milieu de son tube. On dirige enfin la lunette sur le point de mire; l'angle qu'on lit alors est, suivant le cas, la hauteur de ce point au-dessus de l'horizon, sa dépression ou sa distance zénithale.

455. La disposition verticale du limbe peut être obtenue par des moyens plus ou moins précis, tels que le fil à plomb ou un niveau simple à bulle d'air portant à l'un de ses bouts une plaque perpendicu-

(*) Voir la note **XI** à la fin du volume.

laire à l'horizontale de la bulle, qu'on applique contre la face graduée. Mais, en général, on n'a aucune erreur sensible à craindre lorsqu'on se borne à régler cette verticalité approximativement.

Nommons, en effet, d la quantité angulaire dont le plan du limbe s'écarte de la verticale, u la distance zénithale donnée par l'instrument, et u_0 la distance zénithale vraie; on trouve sans peine

$$\cos u_0 = \cos u \cos d,$$

et par conséquent

$$\cos u - \cos u_0 = \cos u\,(1 - \cos d).$$

Mais on a

$$\cos u - \cos u_0 = 2 \sin \tfrac{1}{2}\,(u_0 + u)\, \sin \tfrac{1}{2}\,(u_0 - u)$$

et

$$1 - \cos d = 2 \sin^2 \tfrac{1}{2}\, d;$$

donc

$$\sin \tfrac{1}{2}\,(u_0 + u)\, \sin \tfrac{1}{2}\,(u_0 - u) = \cos u \sin^2 \tfrac{1}{2}\, d$$

et enfin

$$\sin \tfrac{1}{2}\,(u_0 - u) = \frac{\cos u}{\sin \tfrac{1}{2}\,(u_0 + u)}\, \sin^2 \tfrac{1}{2}\, d.$$

Ce résultat montre que u_0 est plus grand que u, c'est-à-dire que la distance zénithale observée avec un limbe non vertical est plus grande que la distance zénithale vraie. Il s'ensuit que l'on a aussi

$$\sin \tfrac{1}{2}\,(u_0 + u) > \sin u$$

et par conséquent

$$\sin \tfrac{1}{2}\,(u_0 - u) < \cot u.\,\sin^2 \tfrac{1}{2}\, d.$$

456. D'après cela, si l'on veut être assuré de ne pas commettre une erreur $u_0 - u$ de plus de 30'', il faudra que la déviation d n'excède pas celle que détermine la relation $\sin 15'' = \cot u \sin^2 \frac{1}{2} d$. On forme de cette manière le tableau suivant :

Valeur de l'angle u.	Limite de d.
45°.	0° 58′ 38″
55.	1 10 4
65.	1 25 52
75.	1 53 16
85.	3 18 16

Le dernier des nombres de ce tableau convient à tous les objets dont la distance à l'horizon est inférieure à 5° ; il y a donc beaucoup de cas où l'on peut se contenter de mettre le limbe vertical à vue, ce qui simplifie considérablement les opérations.

457. L'axe optique de la lunette doit être parallèle à la face graduée du limbe; en d'autres termes, tous les points visibles sous la croisée des fils doivent appartenir à un même plan perpendiculaire à l'axe de rotation de la lunette. Toutefois, si cette condition n'est pas rigoureusement satisfaite, l'erreur à craindre sera insensible tant que l'écart angulaire n'excédera pas 5' ; c'est ce que l'on trouve par des considérations très-simples et analogues aux précédentes.

458. Quand ce défaut est trop sensible, on rectifie la position de l'axe optique par des moyens qui varient d'un instrument à l'autre. Je supposerai,

pour fixer les idées, qu'on puisse faire mouvoir la croisée des fils parallèlement à l'axe de rotation, à l'aide d'une vis de rappel agissant sur le réticule ou sur le corps de la lunette, et qu'on soit à même de faire décrire à l'ensemble du limbe et de la lunette un angle de 180° autour de la verticale. Si le point éloigné que l'on a visé, dans une direction à peu près horizontale, se trouve, après ce mouvement, sous la croisée des fils de la lunette, celle-ci ayant tourné de la quantité nécessaire autour de son axe de rotation, on est certain que le parallélisme voulu existe. Lorsque cela n'arrive pas, on corrige la moitié de la différence en tournant la vis du réticule, puis on recommence l'opération pour être plus sûr du résultat.

C'est ainsi que l'on procède lorsque le limbe fait partie d'un instrument destiné à fournir la mesure des angles horizontaux, comme une boussole.

459. Quand ce moyen de vérification manque à l'observateur, il peut y suppléer en choisissant deux points situés de part et d'autre à égale distance de l'instrument, de manière que l'axe de la lunette soit sensiblement dans la droite qui les joint. On couvre avec la croisée des fils l'un de ces points ; puis, sans déranger le limbe, on ramène la lunette sur le second. Si ce dernier ne tombe pas sous la croisée des fils, on en conclut que celle-ci n'est pas dans la position voulue, et on fait disparaître ce défaut en corrigeant une moitié de l'écart observé, comme il a été dit ci-dessus.

460. L'axe optique de la lunette ne rencontre pas toujours son axe de rotation, et, par suite, l'angle obtenu n'est pas rigoureusement égal à la distance de l'objet au zénith ou à l'horizon. La droite de longueur L, mesurée de l'axe de rotation au point de mire, fait avec l'axe optique un angle qui a pour sinus $\frac{e}{L}$, e étant l'*excentricité* de la lunette. Ordinairement e n'est que de quelques millimètres. Supposons qu'il s'élève à $0^m.04$, et que l'on ait $L = 100^m$, l'erreur commise aura pour mesure environ $20''$, et par conséquent on pourra la négliger dans la plupart des cas.

461. Il ne faut pas confondre cette erreur avec celle qui résulterait d'un défaut de centrage de l'axe de rotation relativement au limbe. Les instruments affectés de ce vice de construction doivent être réputés défectueux, à moins qu'ils ne soient pourvus de tout ce qui est nécessaire pour la correction des angles lus. Le théodolite et les cercles répétiteurs destinés aux opérations les plus délicates de la géodésie se trouvent dans ce cas, et donnent à la fois plusieurs angles dont la moyenne est indépendante du défaut de centrage. Je renvoie le lecteur, pour ces détails, aux traités de géodésie.

Lorsque l'on se propose d'opérer rapidement, il faut que l'instrument dont on fait usage soit centré assez exactement pour qu'aucune erreur ne soit à craindre. On s'en assure préalablement par l'observation de la distance angulaire de deux objets. Elle doit rester la même, quelle que soit la partie du limbe qui lui sert de mesure.

462. Pour que les angles lus soient exacts, il faut, le niveau étant calé et l'axe optique de la lunette horizontal, que l'instrument accuse un angle nul ou un angle droit, suivant qu'il doit faire connaître les distances à l'horizon ou les distances zénithales. Il y a plusieurs moyens connus de s'assurer si cette condition est satisfaite, et d'évaluer, quand elle ne l'est pas, l'erreur commise sur la lecture de l'angle et qu'on désigne sous le nom d'erreur de *collimation*. En voici un qui peut s'appliquer dans tous les cas.

Soient u_1, v_1 les distances zénithales réciproques observées de deux points A, B séparés entre eux par la distance horizontale K qui répond à l'angle C; u, v les distances zénithales vraies, c'est-à-dire corrigées des erreurs e, r de collimation et de réfraction. Nous pourrons écrire $u_1 = u + e - r$, $v_1 = v + e - r$, d'où $u_1 + v_1 = u + v + 2e - 2r$. Or, $u + v = 180° + C$, donc $u_1 + v_1 = 180° + C + 2e - 2r$. Cette dernière relation donne, en remplaçant r par sa valeur $0'.00054nK$ *,

* 442.

$$e = \frac{u_1 + v_1}{2} - 90° - \left(\tfrac{1}{2} - n\right) \times 0'.00054K.$$

Dans les circonstances ordinaires, on prendra $n = 0.08$. Remarquons que le dernier terme de e est fort petit. Par exemple, pour $K = 1000^m$, il ne s'élève pas au quart d'une minute; il sera donc permis de le négliger, et alors on aura simplement

$$e = \frac{u_1 + v_1}{2} - 90°.$$

463. Un autre moyen, également applicable dans tous les cas, consiste à se donner pour point de mire un objet dont on connaît d'avance la position, et par conséquent la distance zénithale. La différence entre celle-ci et celle qu'on lit sur le limbe de l'instrument, corrigée au besoin de l'erreur de réfraction, est l'erreur de collimation cherchée.

464. Lorsque le limbe se compose de deux arcs symétriques relativement à la verticale menée par son centre, l'erreur de collimation peut être trouvée par le retournement. Il suffit de pointer la lunette sur un objet éloigné, puis de la pointer de nouveau sur ce même objet après avoir fait tourner l'instrument de 180° autour de la verticale. L'erreur cherchée est évidemment égale à la moitié de la différence entre les deux distances zénithales observées.

465. L'erreur de collimation une fois connue, on la corrige en faisant mouvoir le limbe dans son propre plan et rappelant la bulle jusqu'à ce que cette erreur disparaisse.

Si l'instrument n'était pas pourvu des moyens convenables pour opérer cette rectification, on pourrait laisser l'erreur de collimation subsister; cela n'aurait d'autre inconvénient que de rendre indispensable de corriger chaque angle observé.

466. Je terminerai cet exposé par indiquer l'u-sage qu'on peut faire des instruments *répétiteurs* pour obtenir certains angles avec une précision supérieure à celle du vernier. Supposons que le niveau, le limbe et la lunette soient susceptibles de se mouvoir séparément autour du même axe. Si l'on veut prendre une distance zénithale $ZAB = u$, on Fig. 85. fixe d'abord la lunette sur le zéro du limbe, puis on la dirige sur le point de mire B. Ayant ensuite rappelé la bulle entre ses repères, on la fixe au limbe, que l'on fait tourner de 180° autour de la verticale, et on achève de caler le niveau, s'il s'est dérangé, sans rendre la liberté au limbe. Là lunette, par ce mouvement, est venue se placer, relativement à la verticale, dans une position AB' symétrique de AB, de sorte que $ZAB' = ZAB$; par conséquent, si on la détache du limbe et qu'on la ramène sur le point B, son vernier marquera l'angle $2u$.

Soit actuellement ramenée la face graduée dans sa première position, généralement à droite de l'observateur, et la lunette sur le point B *avec le limbe,* le zéro de ce dernier sera *au-dessous* de AB de tout l'angle $2u$. Donc, si l'on retourne de nouveau l'instrument autour de la verticale, et que l'on recommence la même opération, un nouvel angle $2u$ s'ajoutera au précédent. On aura ainsi tous les multiples pairs de l'angle u, en tenant compte, comme cela doit être, des circonférences entières comprises dans l'arc total, et dont le nombre se déduit du nombre de fois que le zéro de la graduation a passé sous le vernier pendant la durée de l'opération.

467. Les multiples de l'angle ZAB sont obtenus sans autre erreur que celle de lecture, au commencement et à la fin de l'angle total. Par conséquent, lorsque pour avoir l'angle cherché on divise son multiple par le nombre convenable, l'erreur possible est également divisée, et peut être atténuée indéfiniment. Supposons, pour fixer les idées, un instrument qui ne donne les angles qu'à une minute près ; si l'on a répété un angle vingt fois, cette erreur sera réduite à la vingtième partie d'une minute, c'est-à-dire à trois secondes.

468. Tel est l'ingénieux procédé que l'on doit à BORDA, et dont la première indication a été donnée par l'astronome MAYER. Il faut bien se garder, toutefois, de croire que les erreurs d'observation proprement dites, c'est-à-dire celles qui tiennent à un pointé imparfait, etc., sont également atténuées par la répétition ; rien ne les empêche, au contraire, de se combiner de toutes les manières possibles, et, si elles cessent généralement d'influer après un nombre suffisamment grand d'observations, il ne faut voir dans ce fait que leur tendance bien connue à se compenser et à se détruire les unes les autres lorsqu'elles sont nombreuses et purement fortuites.

469. La manière de répéter les angles qui vient d'être décrite suppose que l'on a un instrument à

cercle entier, susceptible de tourner autour d'un pivot vertical; mais on pourrait aussi les répéter avec une portion de limbe gradué. Il suffirait, pour cela, d'assujettir la bulle à marcher avec la lunette. Celle-ci étant d'abord dans la position horizontale Fig. 86. AH, fixons-la sur la dernière division du limbe. Faisons ensuite tourner ce dernier jusqu'à ce que la lunette, entraînée avec lui, arrive dans la direction AB du point de mire. Rendons maintenant le limbe immobile, puis détachons-en la lunette, ramenons-la dans la position horizontale; il est bien clair que son axe se sera déplacé ainsi de tout l'angle cherché ABH. Rien n'empêche maintenant de fixer de nouveau la lunette au limbe, et de faire tourner celui-ci encore une fois de l'angle ABH, que l'on aurait ainsi, à chaque répétition, simple et non plus double.

Ce mode de répétition est peu usité.

470. On comprend que le principe de la répétition ne peut donner des résultats satisfaisants que dans certaines limites, qui dépendent plus ou moins du mérite d'exécution des instruments et de l'adresse de l'observateur qui en fait usage.

Il est facile de découvrir après combien de répétitions l'avantage de ce procédé devient insensible. A cet effet, on lit les multiples successifs de chaque angle, et on les divise par le nombre propre à faire connaître ce dernier. On s'arrête lorsque les différences entre les quotients consécutifs cessent de diminuer.

Conduite des opérations.

471. Les cotes de nivellement déduites de mesures angulaires sont, en général, moins exactes que celles des nivellements proprement dits, du moins tant qu'il s'agit d'opérations rapides. La plupart des instruments qu'on y emploie ne donnent, en effet, les angles qu'à une minute près; quelques-uns donnent la demi-minute, mais il n'est guère permis d'espérer davantage. Or, sur une mire dressée verticalement à 100 mètres de distance, la minute et la demi-minute produisent les variations de hauteur ci-dessous.

Hauteur angulaire ou dépression.	Variations pour 1'.	Variations pour 30".
0°. . . .	0^m.0291. . . .	0.0145
15°. . . .	0 .0312. . . .	0.0156
30°. . . .	0 .0388. . . .	0.0194
45°. . . .	0 .0582. . . .	0.0291

De plus, si l'on tient compte de toutes les causes d'erreur qui peuvent affecter les observations, telles que la difficulté de pointer juste quand l'objet qui sert de point de mire est caché sous l'épaisseur du fil du réticule, ou bien ne se présente pas assez distinctement; le défaut de coïncidence des centres de courbure des surfaces des verres avec l'axe de la lunette; les changements qu'éprouve la réfraction avec l'état hygrométrique et la température de l'air; les lectures fautives provenant d'une division imparfaite du cercle ou de quelque disposition particulière des yeux de l'opérateur, etc.; si l'on fait attention, en outre, qu'il est à peu près impossible de mesurer à la fois, rigoureusement et très-vite, les longueurs qui doivent entrer dans les calculs, on ne sera pas surpris de trouver que l'incertitude de chaque cote, déduite d'une seule observation, tombe souvent dans la limite de $0^m.05$ pour 100 mètres de distance horizontale.

472. Afin d'éviter l'accumulation d'erreurs aussi fortes, il faut se procurer d'abord des points de repère dont les cotes soient exactement déterminées. On y parvient par un nivellement à grandes portées embrassant un système de points convenablement choisis. Ce mode exige l'emploi d'instruments répétiteurs, l'observation de distances zénithales réciproques, et parfois la construction de signaux dispendieux, décrits dans les traités de géodésie.

A défaut d'instruments de haute précision, les instruments ordinaires peuvent suffire, mais avec la précaution de déterminer chaque cote par une moyenne entre plusieurs observations faites, autant que possible, de deux ou d'un plus grand nombre de stations différentes.

Mais on atteint le but plus promptement avec le niveau proprement dit, surtout en profitant de la rapidité d'exécution que permet l'emploi de mires parlantes. Ce dernier moyen fait connaître, non-seulement des repères isolés, mais des *lignes de repères,* lesquelles découpent le terrain à niveler en polygones, comme on l'a expliqué dans le troisième livre au sujet de la recherche des sections horizontales.

Ces repères ou lignes de repères, dont l'espacement ou le tracé se déterminent d'après le degré d'exactitude qu'on se propose d'obtenir, permettent ensuite au nivellement trigonométrique de marcher sans crainte de s'égarer.

473. Dans ces opérations de remplissage, on se sert de la mire ordinaire à voyant, et même il convient, pour abréger les calculs, de placer autant que possible le voyant à la hauteur de l'axe autour duquel pivote la lunette. On effectue ainsi, de proche en proche, le nivellement des points où le terrain change de forme d'une manière sensible. Comme il se trouve presque toujours dans un rayon de 300 ou 400 mètres autour de chaque station un certain nombre de cotes à relever, on ne dépassera guère cette portée, et au contraire on aura souvent à la réduire, surtout dans les pays montueux.

474. Quand la mire devient insuffisante, soit parce que le pays est trop couvert, soit par toute autre cause, on peut la remplacer par une perche qui porte à son sommet un disque de tôle ayant une de ses faces noircie et l'autre blanche ; c'est la première ou la seconde qui est présentée à l'observateur, suivant que ce disque se projette sur le ciel ou sur la

terre. Quelquefois il est percé, à son centre, d'un trou qui laisse passer la lumière et facilite le pointé.

Enfin, s'il devient nécessaire de se servir de points de mire plus élevés, on peut avoir recours à des arbres bien droits et dépouillés de leurs branches, ou encore aux flèches des clochers, aux plates-formes ou galeries des tours et autres édifices, etc.

475. Pour éviter les tâtonnements et les opérations inutiles, il importe de ne faire porter les observations que sur les éléments strictement nécessaires. A cet effet, on recherche sur le terrain les points et les lignes qui peuvent le mieux en caractériser la forme. Tels sont les *thalwegs* (*) où se réunissent les eaux des divers bassins, et leurs embranchements ou ramifications qui suivent le fond des vallées, et s'élèvent en se subdivisant jusqu'aux sommités du pays. Telles sont encore les lignes de *faîte* ou de *partage des eaux,* dont l'ensemble est au relief des parties saillantes du sol ce que sont les thalwegs aux parties concaves. Ces deux sortes de lignes, qu'un œil tant soit peu exercé reconnait aisément, constituent le système *hydrographique* et *orographique* (**) d'une contrée, et suffisent à en donner une idée fort exacte.

L'observateur les parcourt et fait poser la mire sur ceux de leurs points qui présentent quelque circon-

---

(*) D'un mot allemand qui signifie *chemin de la vallée.*

(**) Ces deux mots viennent de ὕδωρ, *eau,* ὄρος, *montagne,* et γράφειν, *décrire.*

stance remarquable, par exemple des changements de pente ou de direction ; il s'attache à placer des cotes sur les sommets, le long des ravins et des cours d'eau, partout enfin où se manifestent des mouvements du sol assez sensibles pour qu'il y ait lieu d'en tenir compte ; chemin faisant, il relève les angles de pente dans les directions où elle est uniforme sur une certaine longueur.

476. Jusqu'à présent je n'ai rien dit de la mesure des distances horizontales. Si le plan des lieux a été levé préalablement, il fait connaître ces distances, car on rapporte sans peine les points où l'instrument est mis en station et ceux où l'on fait poser la mire. Dans ce cas, il est rare qu'on ait recours à des mesures directes.

Si le plan n'a point encore été levé, on peut y procéder en même temps qu'au nivellement. Il y a des instruments destinés à cet usage (*). Alors il devient nécessaire de mesurer les distances horizontales, soit à la chaîne, soit trigonométriquement.

477. Quel que soit celui de ces deux cas dans lequel on se trouve, il faut consigner les diverses observations sur un registre ou carnet analogue à ceux qui ont été indiqués pour le nivellement proprement dit ; on y indique, dans des colonnes séparées, chaque station, les divers points visés, les hauteurs de l'in-

____

(*) Le plus commode parmi ces instruments est la boussole à éclimètre, que le chef d'escadron d'état-major MAISSIAT a perfectionnée d'une manière si remarquable.

strument et de la mire, les angles verticaux, etc.,
avec toutes les remarques qui peuvent faciliter les
calculs.

478. Pour être à même de dessiner le terrain par
sections horizontales, on esquisse celles-ci sur le
plan à mesure qu'on recueille les observations. Ce
figuré *à vue*, que l'on combine ensuite avec les cotes
déduites du calcul, est de la plus grande utilité pour
donner aux courbes la forme convenable, et il importe beaucoup d'en acquérir l'habitude.

479. Les points, ordinairement à cote ronde, qui
appartiennent aux sections horizontales, peuvent
être obtenus au moyen des cotes extrêmes de chaque
pente uniforme, en appliquant la solution du n° 360,
qui se prête bien au calcul logarithmique.

III. *Nivellement barométrique.*

Principe et description du baromètre.

480. Cet instrument n'est autre chose qu'un
tube vertical fermé par le haut et s'ouvrant par son
extrémité inférieure dans du mercure. Si l'on a préalablement fait le vide dans ce tube, le mercure
s'y élève jusqu'à ce qu'il forme une colonne capable
de contre-balancer la pression atmosphérique qui
s'exerce à la surface extérieure de ce liquide. La
hauteur de cette colonne, au niveau de la mer, est
d'environ $0^m.76$, c'est-à-dire que si l'on pouvait

mettre sur l'un des plateaux d'une balance un poids égal à celui de la portion d'atmosphère qui correspond verticalement à une surface donnée, et sur le second plateau une colonne de mercure ayant pour base une surface égale et pour hauteur celle de la colonne barométrique ou environ $0^m.76$, ces deux poids se feraient équilibre.

481. Si l'on élevait cet appareil verticalement à la hauteur z, la surface extérieure du mercure n'ayant plus à supporter le poids de l'air situé au-dessous d'elle, le sommet de la colonne barométrique s'abaisserait d'une certaine quantité, d'où l'on pourrait conclure z. Il y a plus, par ce même procédé, on trouverait la hauteur d'un lieu quelconque au-dessus du niveau de la mer, et par suite au-dessus de tout lieu donné, car, dans une atmosphère en repos, les couches d'égale pression sont nécessairement parallèles aux surfaces de niveau, et cela indépendamment des inégalités du sol.

482. Ce moyen de mesurer les hauteurs suppose seulement la connaissance d'une loi mathématique telle que l'inconnue z puisse être déduite de la hauteur de la colonne barométrique. Or, une telle loi existe ; c'est à l'immortel LAPLACE qu'on doit de l'avoir présentée d'une manière assez exacte pour faire du baromètre un instrument de nivellement. De ses calculs et de diverses expériences, on a déduit la formule

$$z = 18336 \left\{ \log \frac{H}{h} - \frac{T'-t'}{12500} \right\} \left\{ 1 + \frac{T+t}{500} \right\} \left\{ 1 + \frac{\cos 2l}{352.485} \right\} \left\{ 1 + \frac{z}{R} \right\}.$$

H, T, T' représentent la hauteur barométrique et les températures de l'air et du mercure au point le plus bas; h, t, t' sont les quantités analogues observées au point le plus haut, l une moyenne entre les latitudes de ces deux points, et **R** le rayon moyen du globe terrestre.

Pour faire usage de cette formule, on effectue d'abord les calculs en négligeant le second terme de $1 + \frac{z}{R}$, puis on les achève en introduisant dans ce dernier facteur la valeur de z ainsi obtenue.

L'expérience a montré que l'on peut se servir avec succès, dans la plupart des cas, de la formule

$$z = 18393 \left\{ \log \frac{H}{h} - \frac{T'-t'}{12500} \right\} \left\{ 1 + \frac{T+t}{500} \right\} \left\{ 1 + \frac{\cos 2l}{352.485} \right\}.$$

483. Baromètre de Fortin. Le tube de cet instrument est renfermé dans une enveloppe cylindrique de cuivre qui sert à le préserver des chocs et au bas de laquelle est fixée une cuvette ABCD, aussi de Fig. 89. forme cylindrique, qui reçoit, dans du mercure, l'extrémité inférieure E du tube.

La hauteur de la colonne barométrique, c'est-à-dire la différence de niveau entre le sommet de la colonne et la surface du mercure dans la cuvette, se mesure au moyen d'une échelle pratiquée sur l'enveloppe du tube. Celle-ci est percée, dans sa longueur, de deux fentes opposées qui permettent de voir ce qui se passe à l'intérieur. De plus, elle est embrassée par un anneau ou curseur cylindrique, dont la partie inférieure présente deux échancrures ayant leurs bords supérieurs dans un même plan horizontal. L'œil suit ce plan, dans le mouvement descendant du curseur, jusqu'à ce qu'il arrive au niveau du sommet convexe de la colonne de mercure. Un vernier fournit le moyen de lire la hauteur de ce point au-dessus du zéro de la graduation ordinairement à un vingt-cinquième de millimètre près.

484. Cette lecture donnerait la hauteur barométrique si le niveau du mercure dans la cuvette correspondait au zéro de la graduation. Or l'observateur est toujours à même de faire qu'il en soit ainsi, au moyen d'une disposition fort ingénieuse de l'artiste qui a donné son nom à ce baromètre. Le fond de la cuvette est un sac de peau qu'on peut soulever et abaisser en tournant la vis V. Une pointe d'ivoire F, qui correspond exactement au zéro de l'échelle, indique à quelle hauteur il faut amener la surface du mercure en agissant sur la vis V, que l'on tourne jusqu'à ce que l'intervalle qu'on aperçoit entre cette pointe et son image réfléchie par le mercure comme par un miroir disparaisse complétement.

485. La hauteur trouvée a besoin, en général, avant d'être introduite dans les formules du n° 482, de subir une correction provenant de l'effet de la capillarité du tube et de la cuvette sur le mercure.

Dans les instruments construits avec soin, la pointe F est placée de telle manière qu'aucune correction n'est à faire ; s'il en était autrement, chaque hauteur barométrique devrait être augmentée d'un nombre constant, que des tables calculées par M. Bouvard permettent de calculer facilement (*).

486. Le baromètre est complété par un thermomètre très-sensible appliqué contre le tube. Tout le système est supporté par un trépied au moyen d'une suspension dite de *Cardan*, qui lui permet de prendre de lui-même la position verticale. Les trois branches du trépied, rapprochées, forment une forte canne qui renferme l'instrument.

Quand on veut le transporter, on fait remonter le mercure de la cuvette en tournant la vis V jusqu'à ce que l'on sente une légère résistance qui annonce que le tube barométrique est rempli. Le mercure ne peut s'échapper de la cuvette, dont la partie supérieure est formée d'une peau qui laisse seulement tamiser l'air. Moyennant cette précaution, le baromètre peut être renversé sans que l'on ait à craindre de le déranger ou de le briser.

487. BAROMÈTRE DE GAY-LUSSAC. Cet instrument se compose de deux tubes AB, DE de même Fig. 87. diamètre, disposés verticalement l'un au-dessus de l'autre, et réunis par un troisième tube BCD beaucoup plus étroit. La partie AB communique avec

(*) Voir la note XII à la fin du volume.

l'air extérieur par un fort petit trou F qui ne laisse pas passer le mercure. Ce système est fixé dans une boîte qui contient un thermomètre très-sensible pour indiquer la température du mercure.

La hauteur de la colonne barométrique se mesure au moyen d'une échelle fixée sur la monture de l'instrument, et de deux verniers pouvant glisser le long de cette échelle. L'un indique le niveau supérieur et le second le niveau inférieur. Quelques instruments ont une échelle mobile et un seul vernier. Alors il faut, avant de mesurer la hauteur barométrique, amener le zéro de la graduation dans le plan horizontal déterminé par le niveau inférieur du mercure.

Fig. 88. Pour transporter ce baromètre, on le renverse, de manière que la longue branche **AB** se remplisse de mercure ; il en reste une petite partie en **E**. Ce renversement doit être fait avec précaution , afin de ne pas briser le verre par le choc du mercure lorsqu'il arrive en **A**.

Manière de faire les observations barométriques.

488. L'opération par laquelle on obtient, à l'aide du baromètre, la différence de niveau entre deux stations consiste à observer simultanément la hauteur barométrique et les températures de l'air et du mercure en chacune de ces stations. Cela exige le concours de deux observateurs qui notent, de dix minutes en dix minutes ou de quart d'heure en quart

d'heure, les indications fournies par les baromètres et les thermomètres ; et, après un nombre d'observations qui dépend de la régularité de la marche de ces instruments, ils prennent une moyenne entre les résultats ainsi obtenus. C'est ensuite avec ces moyennes, mises à la place des lettres dans l'une des formules du n° 482, que l'on calcule la différence de niveau cherchée.

489. Il y a beaucoup de précautions à prendre pour obtenir des résultats satisfaisants. Les deux observateurs doivent comparer la marche de leurs instruments avant de commencer et après avoir terminé leurs opérations, afin de tenir compte, dans le calcul final, des différences que cette comparaison aura fait découvrir, et de s'assurer s'ils n'ont éprouvé aucun dérangement.

Chaque moyenne doit être déduite d'une série comprenant au moins dix résultats. Pour faire disparaître les erreurs dues aux variations accidentelles de la pression atmosphérique et de la température, on réunit cinq ou six observations faites à des jours différents, aux mêmes heures.

490. Il faut choisir, autant que possible, un temps calme et l'heure de midi, et se placer à l'ombre.

La disposition des lieux, la direction du vent, l'état de l'atmosphère, etc., influent plus ou moins sur le résultat. D'après les expériences de RAMOND,

« Les hauteurs sont trop faibles :

« Quand l'observation se fait le soir ou le matin ;

« Quand le baromètre inférieur étant dans une
« plaine, le baromètre supérieur se trouve dans une
« vallée étroite et profonde ;

« Quand le vent souffle fortement de la région
« australe ;

« Et quand le temps est manifestement orageux.

« Les hauteurs sont au contraire trop fortes :

« Quand on observe entre midi et deux heures ;

« Quand le baromètre supérieur étant au sommet
« d'une montagne, le baromètre inférieur est dans
« une gorge étroite et dominée ;

« Quand le vent souffle de la région boréale,
« surtout si l'on est sur une montagne, et s'il en
« frappe la partie escarpée (*). »

IV. *Remarques diverses sur les nivellements expéditifs.*

Procédés anciennement employés pour la mesure des hauteurs.

491. RICCIOLI nous a transmis (**) des notions
précises sur les instruments dont on se servait pour
cet usage, avant que PICARD et AUZOUT eussent
trouvé le secret d'obtenir un pointé sûr par l'application du réticule aux lunettes. La plupart ne sont

(*) *Mémoires de l'Institut, classe des sciences mathématiques et
physiques,* pour 1806, 2e semestre.

(**) *Geographiæ et hydrographiæ reformatæ libri duodecim,* Venise,
1672, in-fol.

plus aujourd'hui que des objets de pure curiosité,
car ils n'offrent pas assez de précision. Ils consistaient, d'ailleurs, dans des clisimètres plus ou moins
analogues à ceux que j'ai décrits au commencement
du présent livre, et donnaient, soit la pente même,
d'où l'on déduisait la hauteur au moyen de la distance horizontale, par l'application de la solution
exposée au nº 358, soit l'angle de pente, d'où l'on
concluait encore la hauteur par le moyen de tables
trigonométriques.

492. Le procédé à l'aide duquel on détermine la
hauteur d'un objet au-dessus du sol en mesurant la
longueur de l'ombre qu'il y projette, et la comparant
à celle projetée sur le même sol par un bâton vertical dont la hauteur est connue, ne peut être indiqué
ici que comme « un moyen d'apprendre à estimer les
hauteurs à vue en rectifiant les premiers aperçus (*).»

Procédés modernes.

493. DELAMBRE et MÉCHAIN, après avoir nivelé
trigonométriquement, à très-grandes portées, les sommets de la chaîne de triangles qui a servi à fixer la
longueur de notre unité de mesure, ont remarqué
l'imperfection à laquelle est sujet ce mode d'opérer, lorsque les distances horizontales sont considérables; ils ont trouvé « que les deux détermina-
« tions d'une même hauteur différaient ordinaire-

____

(*) LACROIX, *Manuel d'arpentage*, note du nᵉ 56.

« ment de 1 et 2 toises et quelquefois 3 toises; elles
« s'accordaient quelquefois un peu mieux (*). »

494. Les cotes données par la nouvelle carte de
France, que publie le dépôt de la guerre, ont été obtenues par des nivellements trigonométriques; aussi
estime-t-on que ce travail ne donne les hauteurs
qu'à 2 mètres près.

495. Le baromètre, dont l'invention est due à
TORRICELLI, disciple de GALILÉE, et dont la propriété de mesurer les hauteurs a été signalée par le
célèbre PASCAL, en 1647, donne à peu près la même
approximation. Malgré les soins que l'on a successivement apportés à sa construction, l'incertitude des
résultats que l'on en obtient, avec les précautions
indiquées au n° 489 et en opérant dans les circonstances les plus favorables, s'élève encore à 2 ou
3 mètres sur les plus grandes hauteurs, ce qui tient
à une foule de causes dont il sera peut-être toujours
impossible d'apprécier l'influence; tels sont l'iner-
tie et le plus ou moins de pureté du mercure, l'imperfection du vide barométrique, les mouvements de
l'atmosphère, etc.

496. Dans les opérations rapides, l'approximation
est encore moindre, car on s'abstient alors de restreindre l'emploi du baromètre à certaines heures de
la journée. L'un des observateurs stationne en un

____

(*) *Base du système métrique*, tome II, p. 763. Delambre et Méchain
font remarquer ensuite que les nivellements à grandes portées ne peuvent jamais être bien exacts, à cause de l'incertitude où l'on est sur l'effet des réfractions.

même point, pendant que l'autre opère successivement sur les divers points compris dans un rayon de
10 à 15 kilomètres. Ils se réunissent ensuite, et au
moyen des observations faites aux mêmes heures de
la journée, ils obtiennent, à 4 ou 5 mètres près, les
différences de niveau. Sans doute ce moyen est bien
peu exact, mais il est encore d'une bien grande utilité dans les pays très-accidentés (*).

497. Les calculs à faire pour obtenir les cotes des
nivellements trigonométrique et barométrique s'ef-
fectuent sans difficulté et très-vite par le secours des
tables de logarithmes. On peut encore faire usage
des tables spéciales qu'on trouve dans divers ouvrages (**), mais il vaut mieux s'habituer au calcul logarithmique.

498. Ce n'est pas seulement par la manière d'o-
pérer qu'un nivellement est expéditif; c'est surtout
par le choix des portions de terrain susceptibles de
fournir des cotes utiles. A cet égard, il n'y a point de
règle générale; la nature des questions à résoudre
indique ce qu'il faut faire. Par exemple, l'ingénieur qui se propose de déterminer le tracé le plus
avantageux pour une voie de communication n'ira
point chercher les sommités dont s'occupent le géo-

(*) Voir la note XIII à la fin du volume.
(**) On trouve, dans le traité de géodésie de Puissant, des tables pour
les calculs du nivellement trigonométrique. *L'Annuaire du Bureau des
longitudes* eu public pour ceux de la formule barométrique. On les
trouve aussi dans le *Recueil de tables à l'usage des ingénieurs*, par
Genieys et Cousinery.

graphe et le voyageur. De plus, la visite des lieux, la disposition des cours d'eau (*) et même certains aperçus ou résultats d'opinion lui indiqueront presque toujours les seules solutions possibles, entre lesquelles il devra choisir.

499. En général, l'art d'opérer le plus rapidement possible est le fruit d'une longue pratique. Il exige un coup d'œil exercé, de l'adresse et une connaissance approfondie de la topographie. Pour l'étudier avec succès et l'acquérir de bonne heure, il faut se livrer, sur le terrain, à de nombreuses opérations, et se rendre compte, chaque fois, de ce que l'on a fait ou omis de véritablement utile. Par ce procédé, l'attention s'arrête sur le degré d'importance des divers détails, et on apprend à les distinguer sûrement (**).

(*) Voyez les conséquences de la distribution des cours d'eau dans l'*Essai sur le système général de la navigation intérieure de la France*, *par* Brisson.

(**) Le lecteur peut consulter le *Cours de topographie et de géodésie* de M. le capitaine d'État-major Salneuve, le mémoire de M. le chef de bataillon du génie Leblanc, *sur le levé expéditif d'une position militaire*, et celui de M. DE Boisvillette, ingénieur en chef des ponts et chaussées, *sur les nivellements préparatoires ou de reconnaissance*, inséré dans les annales des ponts et chaussées pour 1842, 2° semestre, page 75.

NOTES SUR LE NIVELLEMENT.

NOTE I.

Sur les principes fondamentaux du nivellement.

La plupart des auteurs qui ont traité du nivellement supposent les surfaces de niveau sphériques, dans le but de simplifier l'exposition des procédés de cet art. Mais depuis que les opérations géodésiques exécutées en France et dans divers pays ont démontré que cette hypothèse, et celle qui fait du globe terrestre un ellipsoïde de révolution, ne sont pas vraies, on ne peut plus passer sous silence de tels résultats, et fonder la théorie du nivellement sur les mêmes principes qu'autrefois. J'ai préféré la faire dépendre de deux conditions simples et faciles à saisir, et qui laissent subsister cette théorie tout en admettant la possibilité que la courbure des surfaces de niveau puisse varier notablement d'un point à l'autre.

La première de ces conditions est *que la courbure autour de chaque point de ces surfaces ne varie pas sensiblement, dans un rayon égal à la portée du niveau.* Il est extrêmement probable que cette condition est toujours satisfaite, vu la grandeur du rayon de courbure moyen du globe terrestre.

La seconde consiste dans *le parallélisme des surfaces de niveau.* On sait que ce parallélisme n'existe pas rigoureusement, mais la différence n'est pas assez considérable pour qu'il y ait lieu d'en tenir compte dans les nivellements ordinaires.

Toutefois il importe de donner une idée de la correction qu'il faudrait faire subir au résultat d'un nivellement qui comprendrait entre ses termes extrêmes plusieurs degrés de latitude. Je vais examiner à cet effet ce qui arriverait sur l'ellipsoïde imaginé par les astronomes.

Concevons un niveau d'eau ayant l'une de ses branches verticales au pôle et la seconde à l'équateur : pendant que l'eau s'élèverait dans celle-ci à 195 mètres de hauteur, elle ne s'élèverait qu'à 194 mètres dans la première, la température étant supposée uniforme dans cet instrument. On sait encore que, dans une branche placée à la latitude l, le liquide prendrait la hauteur $194^{\mathrm{m}} + \cos^2 l$. Par suite, deux surfaces de niveau dont la distance est z à cette latitude interceptent entre elles, sur l'axe polaire, la longueur

$$\frac{z}{1 + \dfrac{\cos^2 l}{194}} \; ;$$ c'est ce que l'on peut appeler la verticale z ré-

duite au pôle.

Pour avoir la longueur interceptée par les mêmes surfaces sur la verticale menée du parallèle l', il suffit de multiplier la quantité ci-dessus par le facteur $1 + \dfrac{\cos^2 l'}{194}$. On aperçoit aisément l'usage de ces transformations. En réduisant tous les coups de niveau à l'axe polaire, par exemple, et leur appliquant ensuite les règles connues pour en déduire le résultat général de l'opération, on aura ce dernier rapporté au pôle, et il sera facile de le rapporter à une verticale quelconque.

Afin de mettre en évidence la nécessité de faire ces corrections quand on veut rendre un nivellement tout à fait rigoureux, je supposerai que l'on a nivelé du 45e au 44e degré de latitude au moyen de 600 stations comprenant chacune 6″, et que l'on a trouvé entre le coup arrière et le coup avant toujours la même différence d. Un calcul fort simple montre que l'erreur commise en prenant $600d$ pour la différence de niveau serait à peu près $0.027d$, de sorte que, si d était égal à 1 mètre, l'erreur s'élèverait à $0^{\mathrm{m}}.027$.

D'après cela, les erreurs que l'on fait sur de très-grands nivellements pourraient provenir du défaut de parallélisme des surfaces de niveau.

On peut remarquer qu'en nivelant dans la direction d'un parallèle on ne ferait aucune erreur de ce genre.

NOTE II.

Sur les instruments dont les Romains se servaient pour niveler.

Vitruve ne nous a laissé, sur les niveaux en usage de son temps, que ce passage succinct. « Libratur autem *dioptris* « aut *libris aquariis*, aut *chorobate :* sed diligentius efficitur « per chorobatem, quod dioptræ libræque fallunt. Choro-« bates autem est regula longa circiter pedum xx. Ea ha-« bet ancones in capitibus extremis æquali modo perfectos, « inque regulæ capitibus ad normam coagmentatos : et in-« ter regulam et ancones à cardinibus compacta transver-« saria , quæ habent lineas ad perpendiculum recte des-« criptas, pendentiaque ex regula perpendicula in singulis « partibus singula, quæ cum regula fuerit collocata, eam « que tangent æque, ac pariter lineas descriptionis, indi-« cabunt libratam collocationem. Sin autem ventus inter-« pellaverit, et motionibus lineæ non potuerint certam si-« gnificationem facere, tunc habeat in superiori parte ca-« nalem, longum pedes quinque, latum digitum, altum « sesquidigitum, eoque aqua infundatur, et si æqualiter « aqua canalis summa labra tanget, scietur esse libra-« tum (*). »

J'ai rapporté, page 61, l'opinion de Perrault sur l'instru-ment appelé *libra aquaria* (**); c'est une conjecture qui semble assez juste. Quant à celui que Vitruve désigne par le *dioptra,* il est d'autant plus difficile d'en assigner la forme que les anciens ont dû désigner sous le même nom tous les iustruments à pinnules.

On voit que le seul niveau sur lequel nous ayons quel-

(*) *Vitruvii architecturæ libri decem,* lib. VIII, cap. vi.

(**) C'est de *libella*, diminutif de *libra*, que nous vient le mot *niveau.* Les Italiens disent encore *libella* , les Anglais *level.* Nous avons dû dire d'abord *liveau,* puis *niveau,* par la même raison que certaines personnes disent *nantille* au lieu de *lentille.*

ques détails est le *chorobate* (*). La description ci-dessus présente néanmoins de l'obscurité, la figure qui devait l'accompagner ayant été perdue. Il est bien clair que c'était un instrument à deux fins, servant d'ordinaire comme niveau à perpendicule, et comme niveau d'eau accidentellement, lorsque le vent soufflait et dérangeait le fil à plomb.

La grande longueur de ce niveau, formé d'une règle de 20 pieds, devait le rendre sujet à fléchir; c'est sans doute pour cela qu'il portait plusieurs perpendicules, distribués dans sa longueur.

Vitruve ne dit pas un mot de la manière de se servir du chorobate. Il est à croire qu'on nivelait avec cet instrument en l'appliquant contre deux mires, comme on l'a indiqué au n° 310. Ce qui donnerait quelque poids à cette opinion, c'est le motif que Vitruve assigne à la préférence qu'on accordait au chorobate : *quod dioptræ libræque fallunt*. Le pointé de ces niveaux était très-incertain, surtout si, comme cela paraît à peu près démontré, les pinnules, chez les anciens, consistaient dans des plaques percées de petits trous non pourvus de fils croisés. Dans de telles circonstances, on devait trouver un avantage notable à suivre un procédé qui matérialise en quelque sorte le rayon de visée; mais il fallait, pour remplir cet objet, un instrument très-long, comme l'était le chorobate. Si cette explication est vraie, le terazi, niveau employé à Constantinople, qui suppose, comme on l'a vu au n° 105, l'emploi de deux mires, et que l'on dit avoir été connu des Grecs du Bas-Empire, ne serait autre chose qu'une espèce de chorobate.

Les anciens se servaient-ils du niveau d'eau? Jusqu'à présent, cette question n'a point été résolue. La manière dont ils employaient l'eau dans le chorobate conduirait à penser que le niveau d'eau leur était inconnu, car autrement serait-il possible que l'idée d'y appliquer deux mires, comme l'a fait de nos jours M. Blondat, ne leur fût pas venue? Rien, au contraire, ne porte à croire qu'ils aient pensé à un mode si simple.

(*) Le mot *chorobate* est grec; χωροβάτης veut dire *qui foule les champs*.

NOTE III.

*Sur les niveaux qui ont été mis en usage ou proposés avant
l'invention du niveau à bulle d'air.*

Quelques auteurs, entre autres le jésuite RICCIOLI (*),
nous ont transmis des renseignements assez étendus sur les
instruments dont on s'est servi pour niveler avant que le
niveau à bulle d'air ne fût inventé. Ces niveaux anciens
sont de plusieurs espèces. On distingue d'abord la balance
(*libra*), dont le fléau, exactement équilibré par deux
poids égaux et maintenu dans une situation horizontale,
servait à diriger le rayon de visée; vient ensuite le niveau
de charpentier, dans une position renversée, puis le niveau
d'eau à godets, et enfin le niveau d'eau ordinaire, auquel
on donne de grandes dimensions. Riccioli dit que sa longueur est de 12, 15 ou 20 pieds (romains), et peut-être
s'attribue-t-il l'invention de ce niveau. « Quare nihil aptius
« ad librandum experti sumus hydrostatica nostra (**) li-
« bella, in qua aqua immunis est a ventorum flabris, esto
« pauci eam adhibere norint, quia difficultatibus quibus-
« dam mederi nesciunt, quas si superarent, non se expo-
« nerent periculo errandi latente in multis aliis libellis. »
Ce même auteur mentionne divers moyens employés ou
proposés pour rendre le pointé plus précis que ne le permet la forme que prend la surface de l'eau dans les verres;
il donne aussi le moyen de faire de cet instrument un clisimètre, en accolant à chaque verre une règle divisée,
comme dans le niveau de M. Blondat, que rappelle aussi
une indication antérieure de Branca (***).

(*) *Geographiæ et hydrographiæ reformatæ libri duodecim,* lib. VI.

(**) L'expression *nostra* pourrait néanmoins avoir un sens tout différent et indiquer un niveau généralement employé; mais les dimensions
inusitées dont parle Riccioli semblent prouver qu'il s'agissait d'une invention récente, sur laquelle l'expérience n'avait pas encore prononcé.

(***) *Le machine del signor Branca.* Rome, 1629. La figure 39 représente un très-grand niveau d'eau *à tube flexible.*

Riccioli attribue à un auteur qu'il nomme Scipio Claramontius Cœsenas, qui vivait au xviie siècle, la première idée du niveau réflecteur. C'était, comme de nos jours, un miroir plan rectangulaire, se disposant de lui-même verticalement. L'observateur se plaçait de manière que l'image de sa prunelle fût partagée en deux parties égales par l'un des bords *horizontaux* du miroir, et en même temps de manière à voir sur la même ligne l'image d'une mire placée *derrière lui*.

On rencontrait, dans ce mode d'opérer, une assez grande difficulté provenant de ce que la tête de l'observateur cachait la mire. En outre, Riccioli fait observer que, si le miroir n'est pas exactement vertical, les coups de niveau seront sujets à erreur, à moins de se placer toujours à égale distance des points nivelés. Puis il ajoute : « His duabus « difficultatibus si quis medeatur, non dubito quin speculum « inter instrumenta ad libellandum idonea sit connumeran- « dum suamque laudem promereatur. » Tel est le problème résolu par M. le colonel du génie Burel.

L'architecte italien Alberti paraît être le premier qui ait imaginé de suspendre à des cordons une règle pourvue de pinnules, de telle façon qu'elle devienne horizontale par son propre poids, invention perfectionnée, comme on sait, par Huygens, qui a mis une lunette à la place de la règle.

Parmi les instruments que l'action de la gravité amène dans la position voulue pour niveler, on remarque le niveau à lunette flottante de Mariotte. Il a été perfectionné par M. Amici, et l'on trouve, chez quelques opticiens, de ces niveaux qui ne dépassent guère le volume d'une tabatière. La lunette, de $0^m.04$ à $0^m.06$ de longueur, est construite en acier et fixée sur une calotte sphérique également d'acier qui flotte sur du mercure. Par une disposition fort ingénieuse, l'oculaire peut servir d'objectif et réciproquement. Ce niveau, remarquable par son élégance, ne saurait remplacer, du moins sous un si petit volume, les niveaux à bulle et à lunette actuellement en usage. On peut ajouter que le mercure, qui est cher, se perd trop facilement pour ne pas être d'un emploi dispendieux.

NOTE IV.

Sur le niveau à bulle d'air.

La première description du niveau à bulle d'air qui ait
été publiée est sans doute celle annoncée par le *Journal des
savants*, numéro du 15 novembre 1666, sous ce titre : *Machine nouvelle pour la conduite des eaux, pour les bâtiments,
pour la navigation et pour la plupart des autres arts*, in-8 ;
elle est accompagnée d'une analyse, avec figures, mais l'auteur de cet ouvrage n'est pas nommé. Il ne se fait connaître
qu'environ quinze ans après, en 1682, dans un volume in-8,
intitulé *Recueil de voyages de M. Thévenot*, où l'on retrouve
la description du même instrument, précédée d'un avis de
Thévenot, contenant, entre autres choses : « Je proposeray
« ici une machine nouvelle que j'ay trouvée il y a quatorze
« ou quinze ans... J'en donnay dans ce temps là au public
« la description. »

Thévenot (Melchisédech), né à Paris vers 1620, était
grand amateur de sciences et de voyages ; ce fut chez lui
que se continua l'assemblée de savants qui s'était tenue en
premier lieu chez le P. Mersenne, puis chez Montmort, et
qui devint ensuite l'Académie des sciences. Il paraît avoir
voulu garder l'anonyme en donnant au public la description du niveau à bulle d'air ; on le voit par l'insertion qu'il
en fait dans le volume déjà cité de 1682 : « Il s'est fait, dit-
« il, quelques nouvelles découvertes dans l'assemblée pour
« l'avancement des arts, qui s'est tenue chez monsieur Thé-
« venot, qui peuvent être d'un grand usage pour les bâti-
« ments, pour la conduite des eaux et pour la navigation.....»
D'où il résulte que, dans cette première publication,
Thévenot ne s'était pas fait connaître comme inventeur.

Ce niveau, dont la description avait été envoyée à la
Société royale de Londres et à l'Académie *del Cimento* de
Toscane, n'obtint pas immédiatement la préférence qu'il

méritait. R. Hooke, en Angleterre, signala (*) le haut degré de précision de cet instrument. Mais il restait, dans sa construction, d'assez grandes difficultés que l'ingénieur de Chézy parvint à surmonter un siècle plus tard.

Pendant cette période, on a inventé un grand nombre de niveaux maintenant oubliés. Non-seulement ils sont loin d'offrir la même précision que le niveau à bulle d'air, mais ils fonctionnent avec beaucoup de lenteur, lorsque l'on a, au contraire, besoin d'opérer avec célérité (**).

NOTE V.

Sur quelques niveaux peu connus ou d'invention récente.

Niveau de M. Bodin. — Ce niveau, dont l'invention est due à M. Bodin, artiste mécanicien attaché à l'école d'application de l'artillerie et du génie de Metz, consiste simplement dans une lunette à laquelle sont fixés invariablement deux tourillons; l'un est garni en partie d'un manchon et peut y tourner sans ballottement. Ce manchon entre dans une douille verticale portée par un pied ou genou à double mouvement, et l'on peut ainsi rendre vertical le tourillon ou pivot contenu dans son intérieur. C'est ce que l'on fait à la manière ordinaire en se servant d'une bulle attachée à lunette.

Les moyens de rectification propres aux niveaux décrits

(*) Dans un mémoire publié en 1674, sous ce titre, *Animadversions on the first part of the machina cœlestis, etc., together with an explication of some instruments made by Robert Hooke, professor, etc.* Il fait partie d'un recueil de divers opuscules du même auteur, intitulé *Lectiones cullerianæ.* Londres, 1679, in-4.

On trouve, dans ce mémoire, une mention du niveau à bulle d'air, formé d'une bulle contenue non plus dans un tube, mais sous une calotte sphérique.

(**) Le lecteur curieux de connaître ces niveaux peut consulter les divers ouvrages que j'ai cités dans le texte ; les collections académiques et le *Journal des savants* en ont décrit une foule.

dans le second livre ne sont plus applicables, les retournements de la lunette sur elle-même, et bout pour bout, étant impossibles. M. Bodin y a suppléé par une disposition qui permet de rendre l'axe optique perpendiculaire au pivot, et par conséquent horizontal lorsque celui-ci est vertical.

A cet effet, on se sert d'un support composé d'une règle Fig. 90. ou traverse horizontale AB, de deux étriers AC, BD et d'un pivot vertical que l'on met à la place de celui de la lunette quand on veut rectifier celle-ci. On place les bouts libres des deux tourillons dans les entailles s, t (pour ne pas compliquer la figure, j'ai réduit la lunette et ses deux tourillons à des lignes mathématiques) et on vise un point bien distinct, par exemple, le centre du voyant d'une mire immobile. Enfin on arrête le support en serrant une vis de pression que porte la douille du genou.

Cela fait, on enlève la lunette, et on la replace sur le support en mettant dans l'entaille de gauche le tourillon qui était dans celle de droite, et réciproquement. Si, dans cette situation, le fil couvre encore le point de mire, c'est une preuve que l'axe optique EF est perpendiculaire à l'axe du pivot. Dans le cas contraire, soit E'F' sa première direction : la seconde sera E"F", et l'angle F'IF" sera évidemment double de la déviation FIF' à corriger. En conséquence, on fait mouvoir le fil du réticule jusqu'à ce que l'écart observé soit partagé par moitié, puis on recommence la même épreuve et l'on parvient bientôt à une rectification complète.

Remarque. Il n'est pas indispensable que l'axe EF passe par le milieu de *st*. S'il tombait beaucoup plus près d'une des entailles que de l'autre, et qu'on voulût faire la rectification ci-dessus pour la portée moyenne du niveau, on réussirait en visant successivement deux points situés sur une horizontale, et écartés l'un de l'autre de la distance qui séparerait les deux positions consécutives du point I.

Ce système ingénieux, emprunté aux observatoires, procure l'avantage de n'avoir à opérer que d'une seule station.

En y renonçant, on aurait un niveau encore plus simple, qui se rectifierait soit en faisant varier la position du fil, soit en faisant varier l'angle de la lunette et du pivot, au moyen d'une articulation.

Fig. 91 et 92.   *Niveau de Gambey.* L'école des ponts et chaussées possède un modèle de cet instrument, qui se compose d'une lunette EF mobile autour d'un axe horizontal AB. Cet axe porte un autre axe vertical CD, aux extrémités duquel sont deux bulles parallèles entre elles, et pouvant tourner autour de CD. Ce système est monté sur pivot vertical G, qui permet de diriger la lunette vers un point quelconque de l'horizon ; le tout repose sur trois vis à caler.

La lunette EF entraîne avec elle un plateau circulaire UV qui se meut dans une agrafe K, et, lorsque l'on a serré la vis de celle-ci, une vis de rappel R permet d'imprimer au plateau un mouvement de rotation aussi doux qu'il est nécessaire.

Pour se servir de cet instrument, on dirige la lunette sur la mire, et on amène la bulle supérieure entre ses repères. On a ainsi un premier coup de niveau. Le second se donne en retournant la lunette bout pour bout autour de AB, et tout l'instrument autour du pivot G, de manière à ramener la croisée des fils sur la mire. C'est alors la bulle supérieure que l'on rappelle entre ses repères au moyen de la vis R.

Il est aisé de voir que la moyenne entre les deux coups est indépendante de l'erreur du centrage de la lunette. Comme celle-ci ne porte point d'anneaux comme celle du niveau de Chézy, on évite les erreurs auxquelles leurs inégalités donnent lieu trop souvent.

Les rectifications de ce niveau peuvent se réduire à rendre les horizontales des deux bulles perpendiculaires au pivot CD, ce qui n'offre aucune difficulté.

Le plateau UV est divisé, et peut servir à observer les angles verticaux, par deux observations dont la moyenne est indépendante de l'erreur du centrage de la lunette. Un second plateau disposé à la base de l'instrument sert à mesurer les angles horizontaux.

Niveau de M. le colonel Emy. Ce niveau présente cela Fig. 93.
de particulier que la bulle est montée sur la lunette entre
deux pointes P, P' qui permettent de la faire tourner autour de la ligne PP', de manière que la lunette venant à
tourner autour de son axe de figure, la bulle peut rester
continuellement visible. Il est bien évident que, si son horizontale et la ligne PP' ont été rendues parallèles à l'axe
de la lunette, la bulle ne quittera pas ses repères. Afin de
satisfaire à ces deux conditions, les pointes P, P' sont susceptibles de prendre, la première un mouvement horizontal au moyen d'une vis *h*, et la seconde un mouvement vertical au moyen de la vis *v*. En outre, le tube de la bulle est
maintenu par trois vis *a*, *b*, *c* qui donnent le moyen de
faire varier l'angle de l'horizontale de la bulle et de la
ligne PP'.

M. le colonel Emy a supprimé les collets dans lesquels
se meut la lunette du niveau de Chézy. Au devant de l'objectif il place une traverse étroite dans le milieu de laquelle
entre une pointe E fixée au fléau HK. Du côté de l'oculaire
la lunette se meut dans un collier de forme conique. La
présence d'une traverse et d'un mince support au devant
de l'objectif n'empêche pas l'image de se former, parce que
ces objets n'interceptent qu'une assez petite fraction des
rayons lumineux provenant du point de mire; d'ailleurs,
dans la position où ils sont, l'observateur ne les aperçoit
point.

L'instrument tourne autour d'un pivot vertical, dans un
support à trois branches traversées par des vis à caler. Le
pivot, monté comme la lunette, entre une pointe et un collier, se meut dans un manchon qui se prolonge au-dessous
de la plate-forme du trépied de l'instrument. On a ponctué
ce prolongement sur la figure.

La disposition par laquelle ce niveau se distingue est
celle de la bulle, qui permet de rendre l'axe de la lunette
horizontal, une fois les rectifications faites, sans avoir à
viser aucun point. La lunette n'étant plus à retournement,
les erreurs provenant de l'inégalité des anneaux servant de
support ne sont plus à craindre comme dans le niveau de

Chézy. Il y a d'autres dispositions accessoires tendant à obtenir un centrage parfait, mais M. le colonel Emy ne les a pas encore fait connaître.

Les rectifications à faire consistent, après avoir rendu le pivot G vertical, à retourner bout pour bout le tube de la bulle entre ses pointes; on corrige l'écart de celle-ci, moitié avec les vis a, b, c, moitié avec la vis R du support H Lorsque ce retournement laisse la bulle entre ses repères, son horizontale est parallèle à PP'. On s'occupe ensuite de rendre l'axe de la lunette horizontal, en faisant tourner l'instrument de 180° autour du pivot G, et tournant en sens contraire les vis v, R, jusqu'à ce que la bulle reste entre ses repères quand on l'observe au-dessus et au-dessous de la lunette.

L'école d'application de l'artillerie et du génie de Metz possède un modèle de ce curieux niveau; il paraît que c'est le seul qui existe.

*430. *Niveau de M. Lefranc.* Cet ingénieur, dont j'ai cité le niveau de pente *, s'est proposé de perfectionner aussi le niveau proprement dit. Il a cherché à faire en sorte que l'axe de la lunette demeure horizontal dans un tour d'horizon. Dans ce but, il se sert de deux glaces de verre glissant l'une sur l'autre dans une boîte. La glace inférieure est fixée au genou de l'instrument; la seconde porte le niveau proprement dit, avec deux bulles en croix qui servent à établir l'horizontalité des faces de contact des deux glaces. Celles-ci, enfermées dans une boîte, sont soustraites aux dilatations causées par l'inégal échauffement des diverses parties du niveau sous l'influence des rayons solaires.

M. Lefranc renferme la lunette dans un tuyau de bois qui a aussi pour destination d'éviter qu'elle ne se dilate inégalement. Les deux anneaux par lesquels elle porte sur les étriers sont seuls apparents.

Ce niveau, qui présente d'ailleurs une grande analogie avec ceux d'Égault et de Lenoir, se distingue encore par quelques détails d'exécution que, sans doute, M. Lefranc voudra bien livrer à la publicité.

NOTE VI.

*Sur les erreurs de nivellement provenant d'un défaut de la
vue de l'observateur.*

L'existence d'un défaut de la vue tendant à faire voir la
mire constamment trop haute ou trop basse ne peut guère
se révéler que par la comparaison des coups donnés successivement par deux observateurs. On parviendrait encore
à le constater en faisant couvrir le milieu d'une bande
blanche verticale éloignée par le fil du réticule, et regar-
dant ensuite dans la lunette, la tête penchée alternativement à gauche et à droite, de manière que la ligne des deux
yeux soit verticale. S'il y a dans l'observateur une disposition qui lui fasse voir la mire trop haute ou trop basse, elle
se manifestera par un déplacement du fil sur la bande dans
le sens horizontal, et ce déplacement sera évidemment double de l'erreur qu'on serait exposé à commettre, à la même
distance, sur un coup de niveau.

Je dois faire remarquer ici que souvent les coups de niveau donnés par deux observateurs qui mettent successivement l'œil à la lunette ne diffèrent entre eux que parce
que l'on a oublié de prendre les précautions relatives au
tirage du réticule, que j'ai indiquées au n° 150. On construit des lunettes dans lesquelles on peut faire varier la
distance entre l'objectif et le réticule en tournant un pi-
gnon qui engrène avec une crémaillère. Ce mécanisme facilite beaucoup le tirage et permet de l'effectuer plus convenablement qu'à la main.

NOTE VII.

*Sur le degré de précision que comportent les opérations de
nivellement.*

D'après Busson Descars (*), lorsque l'on a fait deux fois

(*) *Traité du nivellement*, page 47.

la même opération avec le niveau d'eau, et que l'on compare ensuite le résultat du second nivellement avec celui du premier, on ne doit trouver que 10 à 12 centimètres sur 1 myriamètre de longueur, si l'on a bien opéré.

Les niveaux à pinnules et à miroir ont, en général, le même degré de précision que le niveau d'eau.

Avec les niveaux à bulle et à lunette, on obtient une précision beaucoup plus grande. En général, il paraît bien établi que la vérification d'un nivellement exécuté avec un niveau de cette espèce ne doit pas accuser plus de 0^m.015 de différence pour 50 kilomètres. J'emprunte à l'intéressante notice de M. Bourdaloue les résultats obtenus à la suite de plusieurs opérations importantes.

Nivellements exécutés.	Longueurs nivelées.	Différences trouvées.
En 1830, d'Alais à Beaucaire. . .	72 kilom.	0^m.020
— 1836, de la Teste à Bayonne. .	120 *id.*	0 .080
— 1843, de Beaucaire à Marseille..	90 *id.*	0 .100
— 1846, de Lyon à Avignon. . .	220 *id.*	0 .017

De tels résultats sont très-dignes d'attention; ils montrent que le nivellement proprement dit est bien plus susceptible d'exactitude que les méthodes de la géodésie. Si toute la France était nivelée ainsi par ses ingénieurs, on aurait les altitudes de ses points remarquables à quelques centimètres près, au lieu de 2 mètres, comme il arrive pour la carte publiée par le dépôt de la guerre.

NOTE VIII.

Sur les lignes d'égale pente.

Il n'est pas tout à fait exact de dire qu'une ligne d'égale pente ou dont la pente est uniforme a pour profil une ligne droite. Si le globe terrestre était sphérique, la ligne d'égale pente tracée dans le plan d'un grand cercle serait une *spirale logarithmique* dont on sait que la courbure est moindre, en chacun de ses points, que celle de la surface de niveau où il se trouve. On est donc autorisé à négliger la première de ces courbures dans tous les cas où la seconde est regardée comme négligeable.

Le profil qui correspond à un arc de cette spirale est une autre courbe transcendante de la famille des logarithmiques; son équation aux coordonnées rectangulaires est

$$y = \mathrm{R}\left(e^{\frac{px}{\mathrm{R}}} - 1 \right),$$

R étant le rayon de courbure de la surface de niveau à laquelle appartient le point le plus bas de l'arc, x la longueur horizontale comptée à partir du même point pris pour origine, y la hauteur du point correspondant du profil, et enfin e la base des logarithmes Népériens. On s'assure sans peine que la flèche de l'arc de cette courbe reste fort petite, lorsque la hauteur totale qui correspond à la pente que l'on considère n'excède pas quelques centaines de mètres. Elle n'est que de $0^m.005$ pour $px = 500^m$, et de $0^m.02$ pour $px = 1000^m$. Ce qui suppose, à raison de $0^m.10$ par mètre de pente, des profils de 5000^m et 10000^m de longueur. Pour des pentes moindres, telles qu'on les adopte ordinairement pour les routes, les profils seraient bien plus longs.

On peut se proposer de rechercher quelle doit être la figure du profil d'une ligne droite, par exemple d'une longue avenue comme celles que possèdent quelques localités; il n'est point permis alors de négliger la courbure de la ligne d'égale pente dont elle est la corde, autrement on commettrait une erreur considérable sur le cube des terrassements. On a pour l'équation de ce profil, en adoptant les mêmes coordonnées que ci-dessus,

$$y = \frac{\mathrm{R}}{\cos \dfrac{x}{\mathrm{R}} - p \sin \dfrac{x}{\mathrm{R}}} - \mathrm{R},$$

sur une longueur de 10000^m, on trouverait le milieu du profil plus bas d'environ 2^m que la ligne droite qui joindrait ses extrémités.

19

NOTE IX.

Sur la méthode des sections horizontales.

Buache, en parlant de la carte de la Manche qu'il avait présentée, en 1737, à l'Académie des sciences, et qu'on trouve dans le volume des mémoires de cette compagnie savante, pour 1752 (*), s'était exprimé de manière à ne laisser aucun doute sur le sentiment qu'il avait de sa découverte. « L'usage que j'ai fait des sondes, dit-il, *et que personne* « *n'avait fait avant moi*, pour exprimer les fonds de la mer, « me paraît très-propre à faire connaître d'une manière « sensible les pentes ou talus des côtes... » Dans le volume suivant (**), au sujet d'un globe physique de la terre qui s'exécute en relief au dôme du Luxembourg, il complète sa pensée : « Je me propose de tracer sur le relief des terres « du globe physique des lignes parallèles à la surface de la « mer, comme je l'ai fait dans son intérieur par rapport au « relief de la Manche..., en supposant les élévations des « eaux au-dessus du niveau réel de la mer, on apercevra « les terres qui se couvriraient par l'augmentation successive du volume des eaux... »

Buache ne donna aucune suite à ces premier aperçus.

C'est Ducarla qui, le premier, a formulé une méthode proprement dite, mais évidemment fondée sur les mêmes principes, pour exprimer le nivellement et la configuration du sol ; cette méthode est consignée dans un mémoire présenté à l'Académie des sciences le 4 mai 1771. Dans l'ouvrage qu'il a écrit ensuite sur ce sujet et qui a été publié en 1782 par Dupain-Triel (***), Ducarla dit expressément

---

(*) *Essai de géographie physique.*

(**) *Parallèle des fleuves des quatre parties du monde.*

(***) *Expression des nivellements ou méthode nouvelle pour marquer rigoureusement, sur les cartes terrestres et marines, les hauteurs et les configurations du terrain ;* par M. Ducarla ; publiée par M. Dupain-Triel père, géographe du roi et de Monsieur. Paris, 1782, in-8.

qu'il connaissait les indications données par Buache, mais que ce savant n'avait vraisemblablement pas soupçonné leur fécondité. Bien plus, s'il faut l'en croire, il se serait inutilement efforcé de faire comprendre cette méthode à Buache lui-même, à Paris, en 1771, pendant trois conférences, et celui-ci ne réclama point à cette occasion la priorité qui semble lui appartenir incontestablement. « Ses « grands travaux, » ajoute Ducarla, « son âge, ses infirmi- « tés l'avaient mis hors d'état de suivre longtemps mes « raisonnements, et il me dit plusieurs fois, et jusqu'à mon « départ (pour Genève), qu'il n'y entendait rien, quoi- « que messieurs ses confrères (de l'Académie des sciences) « en fussent contents. »

Peut-être Buache, en persistant ainsi à ne pas comprendre, ne voulait-il qu'éviter de froisser l'amour-propre de Ducarla, quoiqu'il comprît certainement très-bien le fond de la méthode. Peut-être aussi ne connaissait-il pas assez le nivellement pour en suivre l'exposition. Mais si Ducarla ne l'a pas inventée, on doit toujours le regarder comme en ayant été le principal promoteur.

NOTE X.

Sur la réfraction atmosphérique.

Delambre et Méchain ont consigné dans le tome II de la *base du système métrique* un grand nombre d'observations, d'où ils ont déduit diverses valeurs du coefficient de réfraction. Le premier de ces astronomes résume ainsi ces recherches (page xiv de l'avertissement) : « Cette con- « stante est à peu près 0.079 ; elle peut se réduire à pres- « que rien par les temps chauds et pluvieux ; dans les temps « froids elle peut aller à 0.09 et même 0.10. Dans l'hiver, « par les temps de brouillard, elle peut monter à 0.15, « 0.16 et 0.17 ; mais ces extrêmes sont bien rares. »

Les observations que l'on fait par une matinée fraîche, avant que le soleil ne soit levé, sont sujettes à erreur, surtout quand la station est dans un lieu bas.

NOTE XI.

Sur le défaut de centrage des lunettes.

*151 et 152. J'ai fait connaître dans le second livre * en quoi consiste le centrage des lunettes. Lorsqu'elles sont susceptibles de recevoir un mouvement de rotation sur elles-mêmes, on dit qu'elles sont centrées si pendant ce mouvement la croisée des fils couvre toujours l'image du même point, et ce dernier appartient nécessairement à l'axe de rotation.

Je suppose présentement que ce point se meuve dans la direction de cet axe, son image occupera diverses positions en deçà et au delà du plan du réticule. Concevons que celui-ci suive l'image mobile, et garde une trace de toutes ses positions : la réunion de ces traces formera une certaine ligne, généralement peu étendue et presque droite, laquelle se réduirait à un point unique dans une lunette parfaitement construite.

Cela compris, il est bien clair que, si l'on dispose le fil horizontal de manière à le faire coïncider avec la corde ou la tangente du petit arc dont les extrémités répondent aux limites extrêmes de la portée de l'instrument, l'image du point mobile se trouvera toujours sinon sur ce fil, du moins à une très-petite distance, et par conséquent la lunette demeurera centrée à peu de chose près. Elle pourrait l'être tout à fait, si la trace du lieu des images sur le plan du réticule était une ligne droite.

Il est donc possible, en général, de disposer le fil horizontal d'une lunette de manière que celle-ci reste toujours centrée ou ne se décentre que d'une quantité fort petite, quel que soit le tirage du réticule, du moins entre certaines limites. Les moyens de trouver la position convenable sont faciles à découvrir. Je me bornerai à faire observer que l'axe de rotation, qu'on supprime quand la lunette est centrée d'une manière permanente, peut être choisi arbitrairement entre certaines limites. Il convient de le faire passer par le centre de figure de la lentille.

Quand une lunette n'est pas convenablement centrée, on s'aperçoit de ce défaut parce que l'erreur de collimation varie avec la distance du point de mire.

Dans le niveau de Gambey et dans tous les instruments qui donnent un multiple pair de la distance zénithale, celle-ci est indépendante de l'erreur de centrage.

NOTE XII.

Sur la manière de corriger la hauteur barométrique.

La capillarité a pour effet d'empêcher le mercure d'atteindre la hauteur totale qui répond à la pression atmosphérique. La dépression produite est d'autant plus forte que le diamètre intérieur du tube est moindre. Dans les baromètres construits avec soin, la pointe à laquelle correspond le niveau du zéro de la graduation est disposée de manière que son extrémité inférieure touche la surface convexe du mercure dans la cuvette en un point dont la distance au plan tangent horizontal mené à cette surface est égale à la dépression produite par la capillarité dans le tube. Les deux tables (*) ci-dessous font connaître cette dépression, et la distance de la pointe à la paroi intérieure de la cuvette.

(*) M. Bouvard a construit ces deux tables en s'appuyant sur la théorie des actions capillaires données par Laplace, et sur les expériences de M. Gay-Lussac. Il a supposé que la dépression produite par la capillarité sur le mercure contenu dans le tube du baromètre ne dépend que de son diamètre intérieur, et que la convexité de la surface du mercure demeure toujours la même. Or ces hypothèses ne sont pas exactes. On a remarqué, en effet, que le bombement du sommet de la colonne barométrique peut varier du simple au triple sans cause connue. De plus, le mercure de la cuvette se couvre à la longue d'une couche d'oxyde qui se dépose contre les parois du verre, et modifie considérablement l'action capillaire. Ajoutons que cette action dépend de l'état de la paroi

TABLE I, *des dépressions du mercure dans le baromètre,*
dues à la capillarité.

DIAMÈTRE intérieur du tube.	DÉPRESSION.	DIFFÉRENCES	DIAMÈTRE intérieur du tube.	DÉPRESSION.	DIFFÉRENCES
mm.	mm.	mm.	mm.	mm.	mm.
21.00	0.028		11.50	0.293	
		0.004			0.037
20.50	0.032		11.00	0.330	
		0.004			0.042
20.00	0.036		10.50	0.372	
		0.005			0.047
19.50	0.041		10.00	0.419	
		0.006			0.054
19.00	0.047		9.50	0.473	
		0.006			0.061
18.50	0.053		9.00	0.534	
		0.007			0.070
18.00	0.060		8.50	0.604	
		0.008			0.080
17.50	0.068		8.00	0.684	
		0.009			0.091
17.00	0.077		7.50	0.775	
		0.010			0.102
16.50	0.087		7.00	0.877	
		0.012			0.118
16.00	0.099		6.50	0.995	
		0.013			0.141
15.50	0.112		6.00	1.136	
		0.015			0.170
15.00	0.127		5.50	1.306	
		0.016			0.201
14.50	0.143		5.00	1.507	
		0.018			0.245
14.00	0.161		4.50	1.752	
		0.020			0.301
13.50	0.181		4.00	2.053	
		0.023			0.362
13.00	0.204		3.50	2.415	
		0.026			0.487
12.50	0.230		3.00	2.902	
		0.030			0.692
12.00	0.260		2.50	3.594	
		0.033			0.985
11.50	0.293		2.00	4.579	

du verre, et que l'on ignore si elle est la même dans le vide et
dans l'air. Malgré toutes ces incertitudes, les tables de M. Bouvard
donnent d'une manière au moins approchée la correction qu'il faut appliquer à la hauteur barométrique. Il faut avoir soin, dans les observations, de faire prendre aux surfaces la courbure qui leur convient, en
frappant de petits coups sur le baromètre avec un corps dur.

On peut se servir des tables construites par M. Scheiermacher, *Bi-*
bliothèque de Genève, tom. VIII, p. 11, et par M. le colonel Delcros,
Mémoires de l'Académie de Bruxelles, tom. XIV.

TABLE **II**, *donnant la distance de la pointe à la paroi intérieure de la cuvette.*

DIAMÈTRE intérieur du tube.	DISTANCE de la pointe à la paroi de la cuvette.	DIFFÉRENCES	DIAMÈTRE intérieur du tube.	DISTANCE de la pointe à la paroi de la cuvette.	DIFFÉRENCES
mm.	mm.	mm.	mm.	mm.	mm.
22.00	22.43		13.50	4.45	
19.50	19.60	2.83	13.00	3.96	0.49
19.00	17.20	2.40	12.50	3.52	0.44
18.50	15.15	2.05	12.00	3.13	0.39
18.00	13.37	1.78	11.50	2.78	0.35
17.50	11.79	1.58	11.00	2.47	0.31
17.00	10.39	1.40	10.50	2.20	0.27
16.50	9.16	1.23	10.00	1.96	0.24
16.00	8.09	1.07	9.50	1.75	0.21
15.50	7.16	0.93	9.00	1.57	0.18
15.00	6.35	0.81	8.50	1.41	0.16
14.50	5.64	0.71	8.00	1.27	0.14
14.00	5.00	0.64	7.50	1.15	0.12
13.50	4.45	0.55	7.00	1.07	0.11

Lorsque la pointe n'est pas disposée conformément aux indications de ces deux tables, on fait subir à la hauteur barométrique une correction égale à la portion de dépression non compensée. Supposons, par exemple, que le diamètre du tube soit de $10^{mm}.20$, et que l'extrémité inférieure de la pointe soit à $5^{mm}.30$ de la paroi de la cuvette. La table I fait voir que la dépression due à la capillarité s'élève à $0^{mm}.400$. D'après la table II, la distance $5^{mm}.30$ répond à un tube de $14^{mm}.23$ de diamètre dans lequel la dépression, donnée par la table I, serait de $0^{mm}.153$. On en conclut que la correction cherchée est $0^{mm}.400 - 0^{mm}.153 = 0^{mm}.247$.

Cette quantité doit être ajoutée à la hauteur barométrique, et on la calcule une fois pour toutes. Il est évident qu'on s'éviterait la peine d'en tenir compte en relevant la pointe de $0^{mm}.247$, sans changer la distance à la paroi de la cuvette.

NOTE XIII.

Sur quelques baromètres.

La dénomination de *baromètre* convient à tous les instruments dont on peut tirer parti pour mesurer la pression atmosphérique, et par conséquent les hauteurs. Les physiciens en ont imaginé plusieurs, fondés sur divers principes.

Je citerai ici le procédé ingénieux qui consiste à déduire la pression atmosphérique de la température à laquelle l'eau distillée entre en ébullition dans le lieu de l'observation. On se sert, pour cet objet, de la table dressée par M. Regnault (*). Un thermomètre très-sensible fait connaître la température avec beaucoup d'exactitude. Tel est le thermomètre barométrique de Wollaston.

On peut aussi déduire la pression atmosphérique des variations qu'éprouve une quantité d'air constante renfermée dans un vase dont une paroi est mobile; l'air intérieur se mettant en équilibre de pression avec l'air extérieur, la position que prend la paroi mobile fait connaître cette pression. Si, par exemple, on ferme la partie supérieure de la cuvette d'un baromètre, et que l'on ouvre à l'air extérieur le haut du tube, il y aura une relation entre le volume occupé par l'air de la cuvette, la hauteur de la colonne de mercure et la pression atmosphérique. Le sympiézomètre de M. Bunten est un instrument de ce genre dans lequel on a remplacé le mercure par de l'huile d'amandes douces, qui est beaucoup plus légère.

(*) Table des forces élastiques de la vapeur aqueuse, de —32 à 100 degrés; *Annales de chimie et de physique*, 3ᵉ série, t. XI, page 334.

Les deux baromètres dont je viens de donner une idée n'ont pas le même degré d'exactitude que le baromètre proprement dit (*); cependant ils peuvent, dans leur état actuel, être d'une grande utilité pour les voyageurs. Ils sont d'ailleurs bien plus portatifs, ce que l'on peut voir par les nombres ci-dessous.

	Longueur.	Poids.
Baromètre de Fortin..	1^m	3 k. 50
— de Gay-Lussac. . . .	0 .90	2
Thermomètre barométrique. . .	0 .15	1
Sympiézomètre.	0 .40	1

Ces nombres sont relatifs à l'état dans lequel on met les instruments pour les transporter.

NOTE XIV.

*Sur les méthodes de nivellement mises en usage par
M. Bourdaloue.*

Dans la *notice sur les nivellements* que vient de publier M. Bourdaloue, ingénieur-résident des chemins de fer du Gard et conducteur des ponts et chaussées, on trouve plusieurs observations d'un grand intérêt sur l'emploi de la mire parlante (**).

La principale difficulté que présente l'emploi de cette mire est dans la lecture du coup de niveau, surtout à de grandes distances. Les divisions de 0^m.01 sont alors cachées par l'épaisseur du fil de la lunette, et il devient à peu près impossible d'apprécier les millimètres.

(*) Voir, pour les comparaisons du thermomètre barométrique avec le baromètre, les *Annales de chimie et de physique*, 3e série, t. XI, page 332, et les *Comptes rendus des séances de l'Académie des sciences*, t. XX, page 163 et suivantes.

Le sympiézomètre donne des indications qui ne diffèrent de celles du baromètre que de 1^{mm}.5 au plus.

(**) La description que j'ai donnée de cette mire se rapporte au modèle que possède l'école des ponts et chaussées. Je ne connaissais pas alors la notice de M. Bourdaloue, dont les mires sont d'ailleurs disposées pour donner des coups de niveau d'une grande longueur.

M. Bourdaloue surmonte cet obstacle en faisant les plus petites divisions de $0^m.04$ et même $0^m.05$. On croirait, au premier abord, que l'œil ne peut estimer avec une exactitude suffisante les fractions de divisions aussi grandes; mais il est connu que l'œil évalue sans peine, en *dixièmes* d'une longueur, les deux portions dans lesquelles un point la partage, et même un œil exercé ne se trompe pas d'un *vingtième*. C'est effectivement dans ces limites que tombent les différences des lectures obtenues par plusieurs observateurs, la lunette et la mire demeurant immobiles.

On comprend que la forme et la grandeur des chiffres, la couleur des divisions et la manière de les réunir par groupes ont beaucoup d'influence sur le résultat des lectures. Tout cela doit être combiné avec le grossissement de la lunette et la portée des coups de niveau.

La mire que préfère M. Bourdaloue est une règle de $0^m.12$ environ de largeur, divisée de 20 en 20 centimètres. Chacune de ces divisions forme un groupe de cinq divisions plus petites, de $0^m.04$ chacune, alternativement rouges et blanches, occupant la moitié de la largeur totale. Sur l'autre moitié de gros chiffres noirs indiquent le nombre des groupes entiers qui se trouvent au-dessous, et qu'il faut compléter par la lecture d'une certaine fraction du groupe correspondant. Enfin les groupes de rang pair occupent la moitié de droite de la mire, et ceux du rang impair la moitié opposée; les chiffres suivent une loi inverse. Cette disposition, analogue à celle qu'on remarque dans la stadia, rend toutes les parties de la mire très-distinctes.

La division de 20 en 20 centimètres n'est pas la plus naturelle et offrirait quelque difficulté à la lecture si M. Bourdaloue n'avait eu l'idée très-heureuse de n'indiquer, par chaque chiffre, que la moitié de la hauteur de mire correspondante, et de lire les plus petites divisions comme si celles-ci n'étaient que de 20 millimètres. Il en résulte que la somme des deux lectures consécutives, faites suivant la méthode de M. *Egault* pour compenser les erreurs du niveau, donne le coup moyen, sans qu'il soit nécessaire de diviser cette somme par deux, comme on le fait lorsque chaque coup s'obtient en vraie grandeur; de là une économie de temps.

Afin de pouvoir faire des stations très-longues, M. Bourdaloue donne à ses mires une grande hauteur; quelques-unes ont 6 mètres. De plus, comme il emploie, pour niveler plus vite, deux mires dont l'une est avant et l'autre en arrière, il les rend susceptibles de s'ajouter l'une à l'autre au moyen de deux têtes à oreilles qu'on réunit par des boulons.

Les erreurs qu'on peut commettre lorsque des mires aussi élevées s'écartent un peu de l'aplomb étant très-sensibles, on y attache un fil à plomb dont le porte-mire peut s'occuper, n'ayant pas de voyant à mouvoir. La lecture du coup de niveau étant, d'ailleurs, extrêmement rapide, on peut prendre le plus petit de ceux qu'on lit successivement pendant que la mire vacille. Cette précaution a été indiquée par Picard, dans son *Traité du nivellement*, p. 79.

Le niveau adopté par M. Bourdaloue est le niveau-cercle de Lenoir, auquel il a fait subir quelques modifications, que l'on peut voir dans sa *Notice*. Cet habile observateur indique un excellent moyen de corriger les inégalités de hauteur qu'on trouve entre les collets carrés de la lunette. On use par du papier fin à l'émeri, appliqué sur une surface très-plane, comme une glace, l'excès de hauteur de l'un de ces carrés.

D'après M. Bourdaloue, les méthodes qu'il emploie permettent de niveler trois ou quatre fois plus vite qu'on ne l'a fait jusqu'à présent; c'est ce qui les rend très-remarquables et les recommande à l'attention des ingénieurs. Le temps d'adresser au porte-mire les signaux nécessaires pour faire arriver le voyant à la hauteur du rayon de visée peut être évalué à une minute pour les petites distances par coup de niveau, et jusqu'à trois minutes pour les grandes. On voit par là combien il importe d'étudier et de propager ces nouvelles méthodes.

FIN.

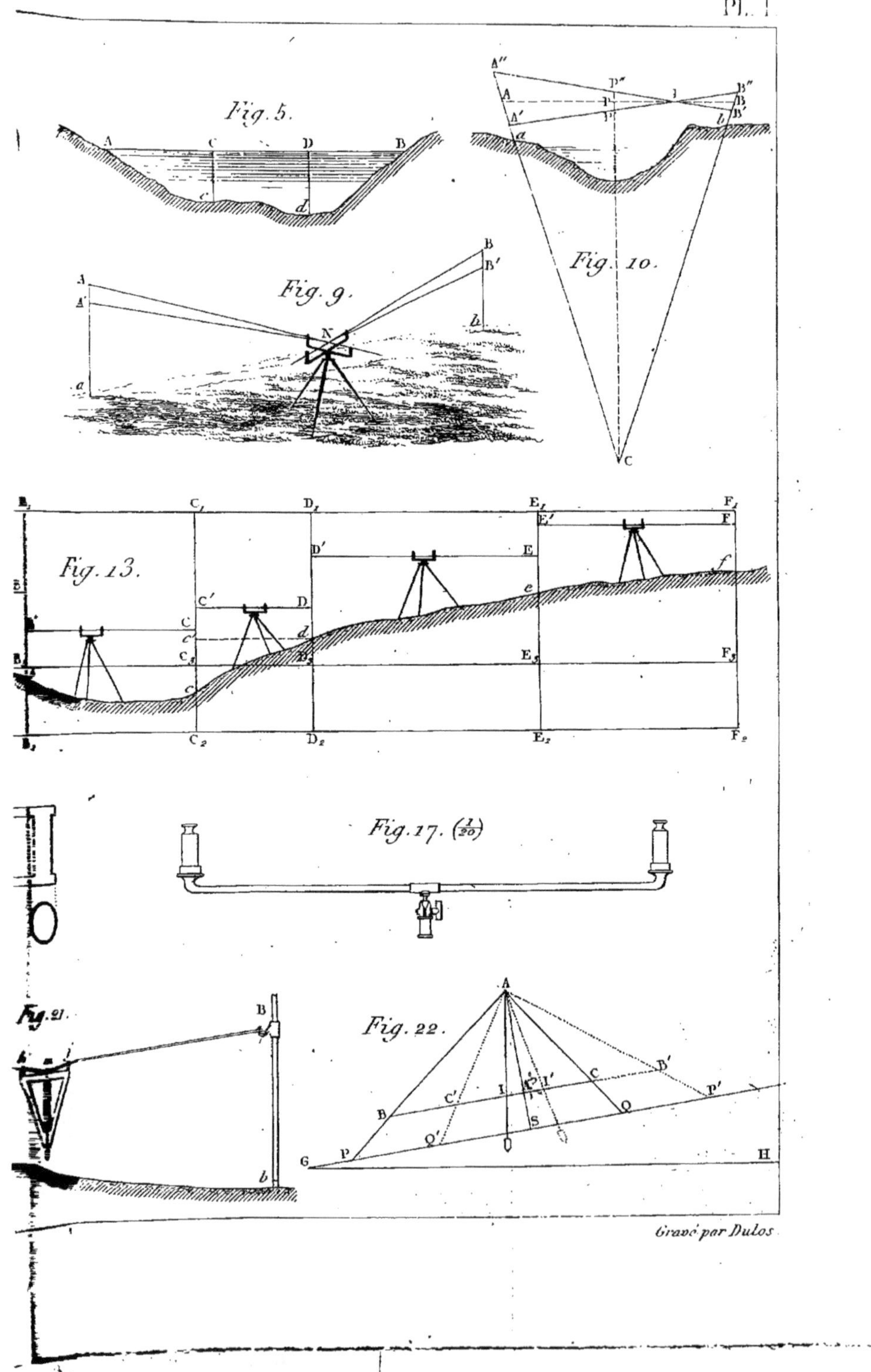

Fig. 5.
Fig. 9.
Fig. 10.
Fig. 13.
Fig. 17. ($\frac{1}{20}$)
Fig. 21.
Fig. 22.

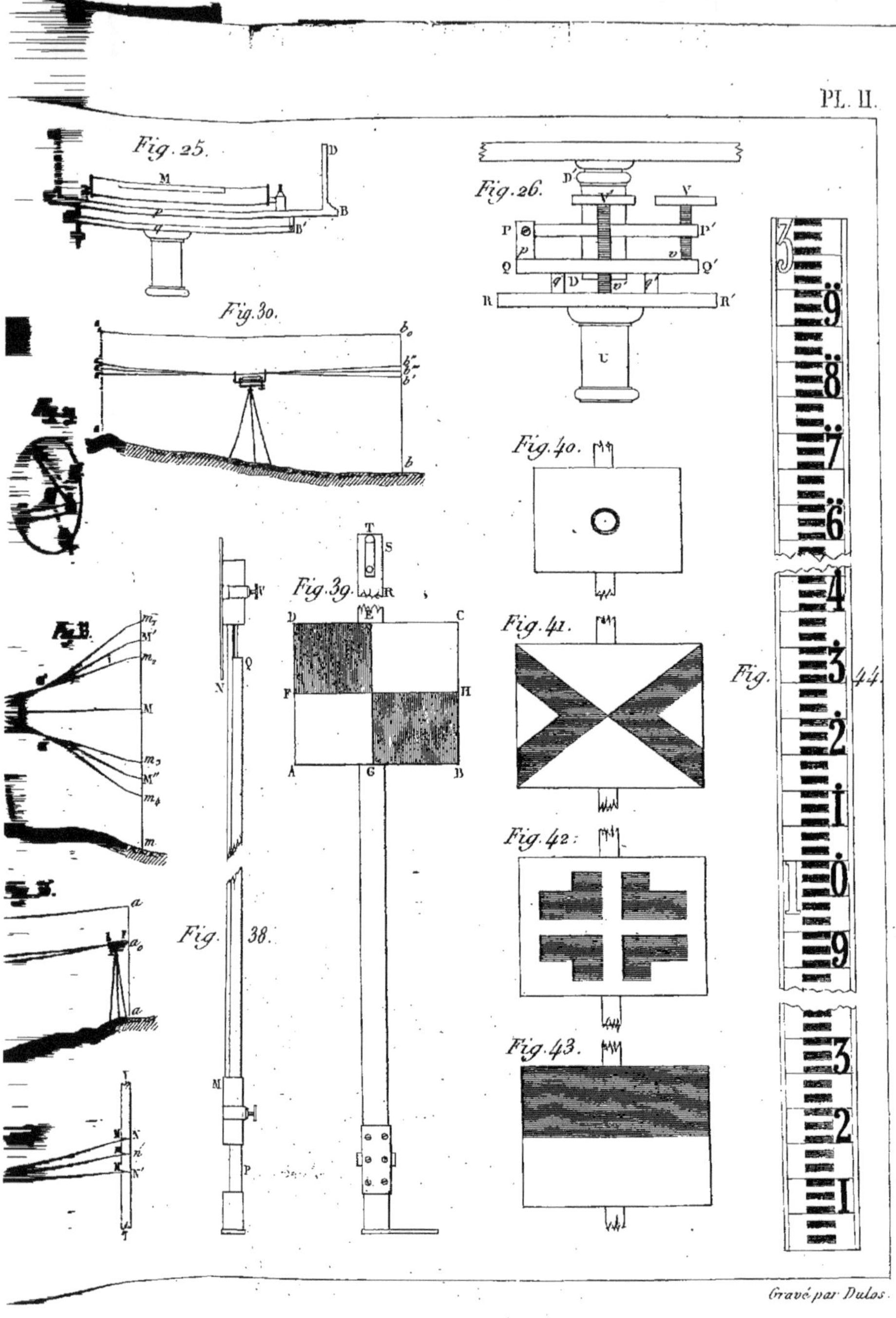

Gravé par Dulos.

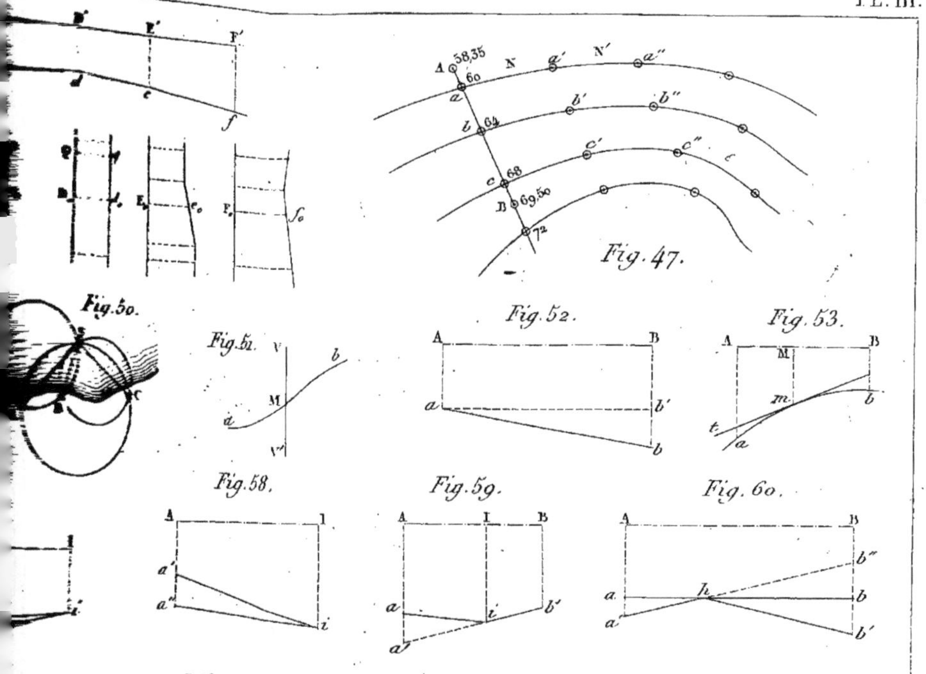

Fig. 47.

Fig. 50.

Fig. 51.

Fig. 52.

Fig. 53.

Fig. 58.

Fig. 59.

Fig. 60.

Fig. 63.

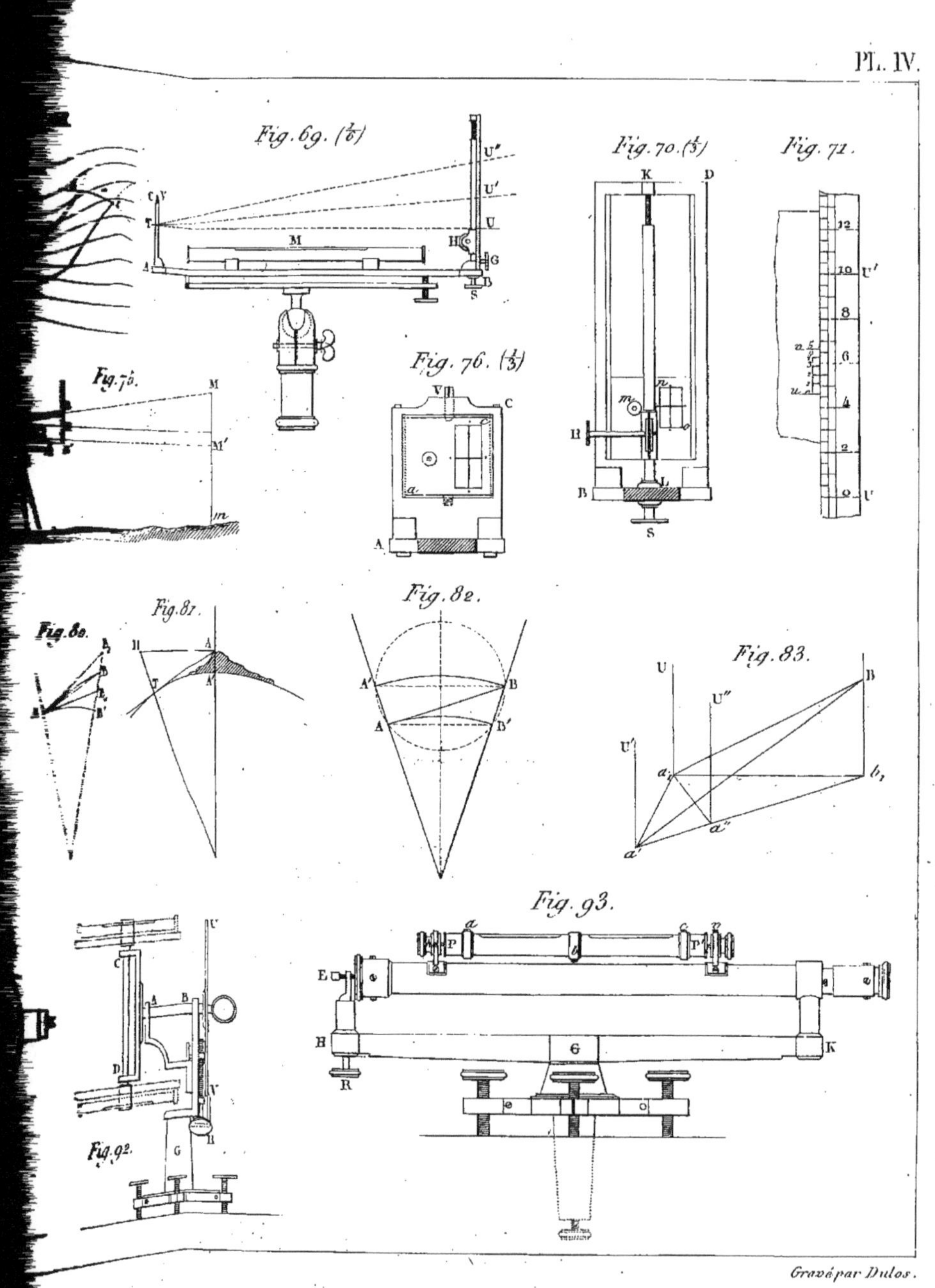

Fig. 69. (⅒)
Fig. 70. (⅓)
Fig. 71.
Fig. 75.
Fig. 76. (⅓)
Fig. 80.
Fig. 81.
Fig. 82.
Fig. 83.
Fig. 92.
Fig. 93.
Gravé par Dulos.

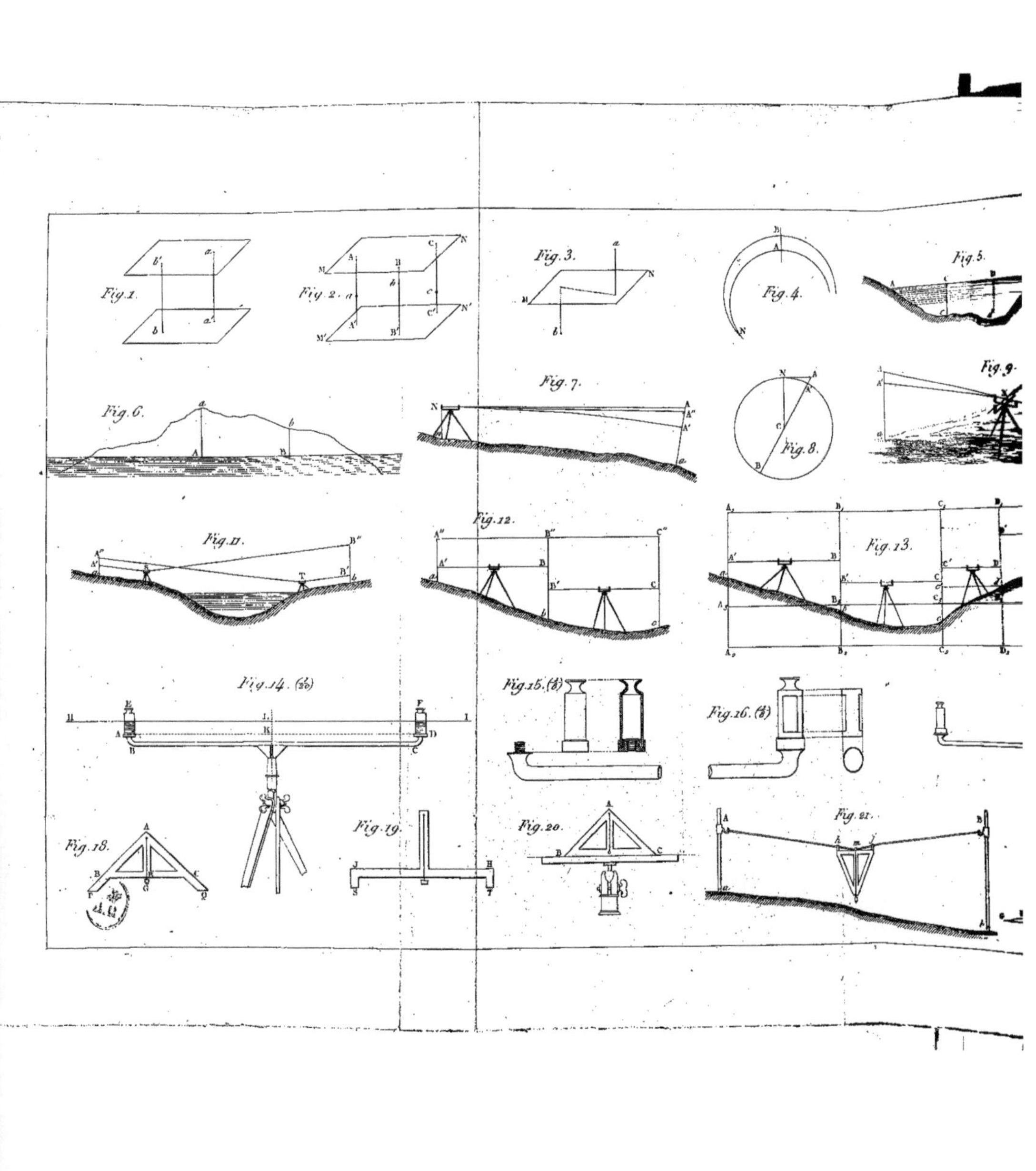

Fig. 1.
Fig. 2.
Fig. 3.
Fig. 4.
Fig. 5.
Fig. 6.
Fig. 7.
Fig. 8.
Fig. 9.
Fig. 11.
Fig. 12.
Fig. 13.
Fig. 14. (⅒)
Fig. 15. (⅓)
Fig. 16. (⅓)
Fig. 18.
Fig. 19.
Fig. 20.
Fig. 21.

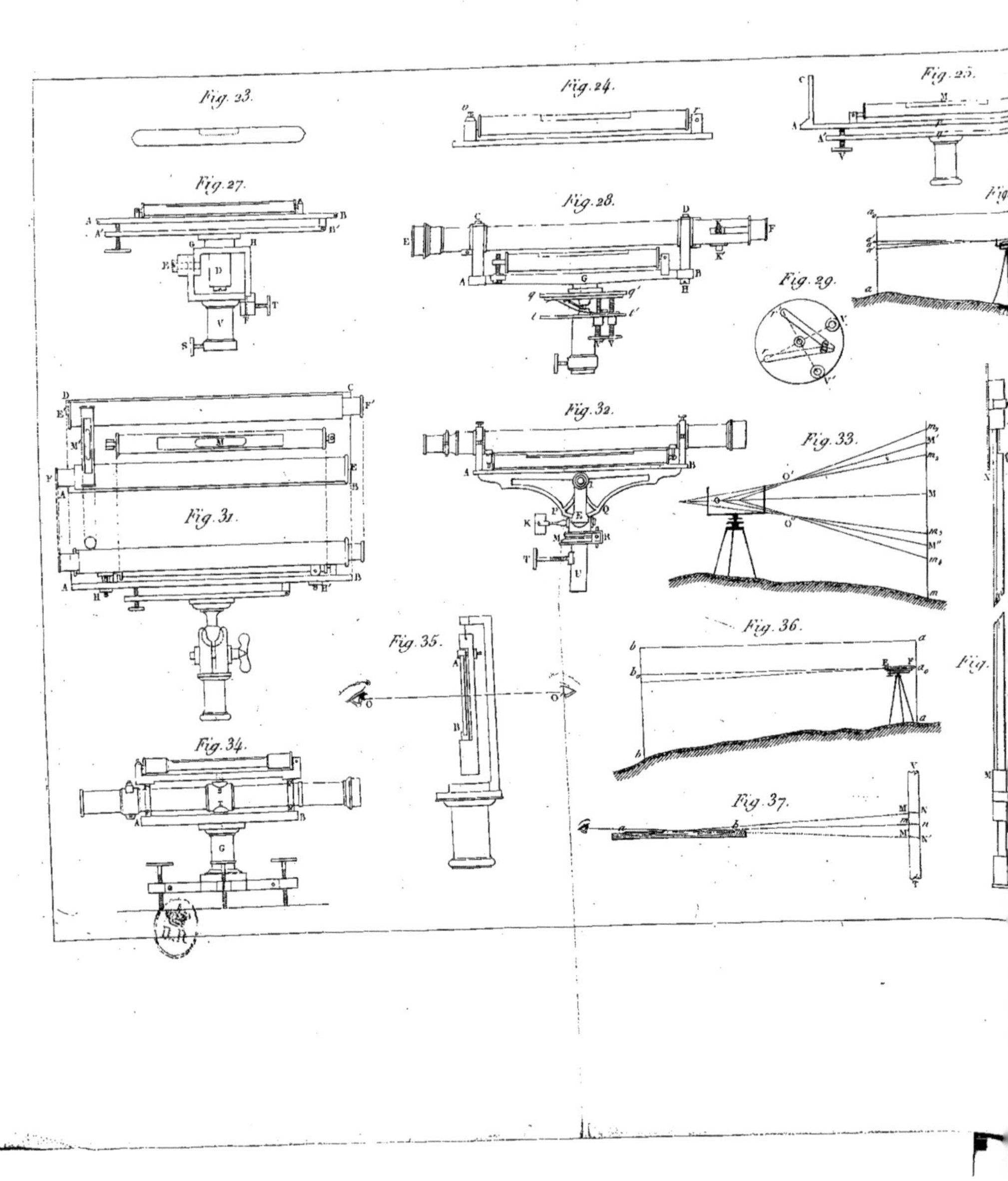

Fig. 23.   Fig. 24.   Fig. 25.

Fig. 27.   Fig. 28.   Fig. 29.

Fig. 31.   Fig. 32.   Fig. 33.

Fig. 34.   Fig. 35.   Fig. 36.   Fig. 37.

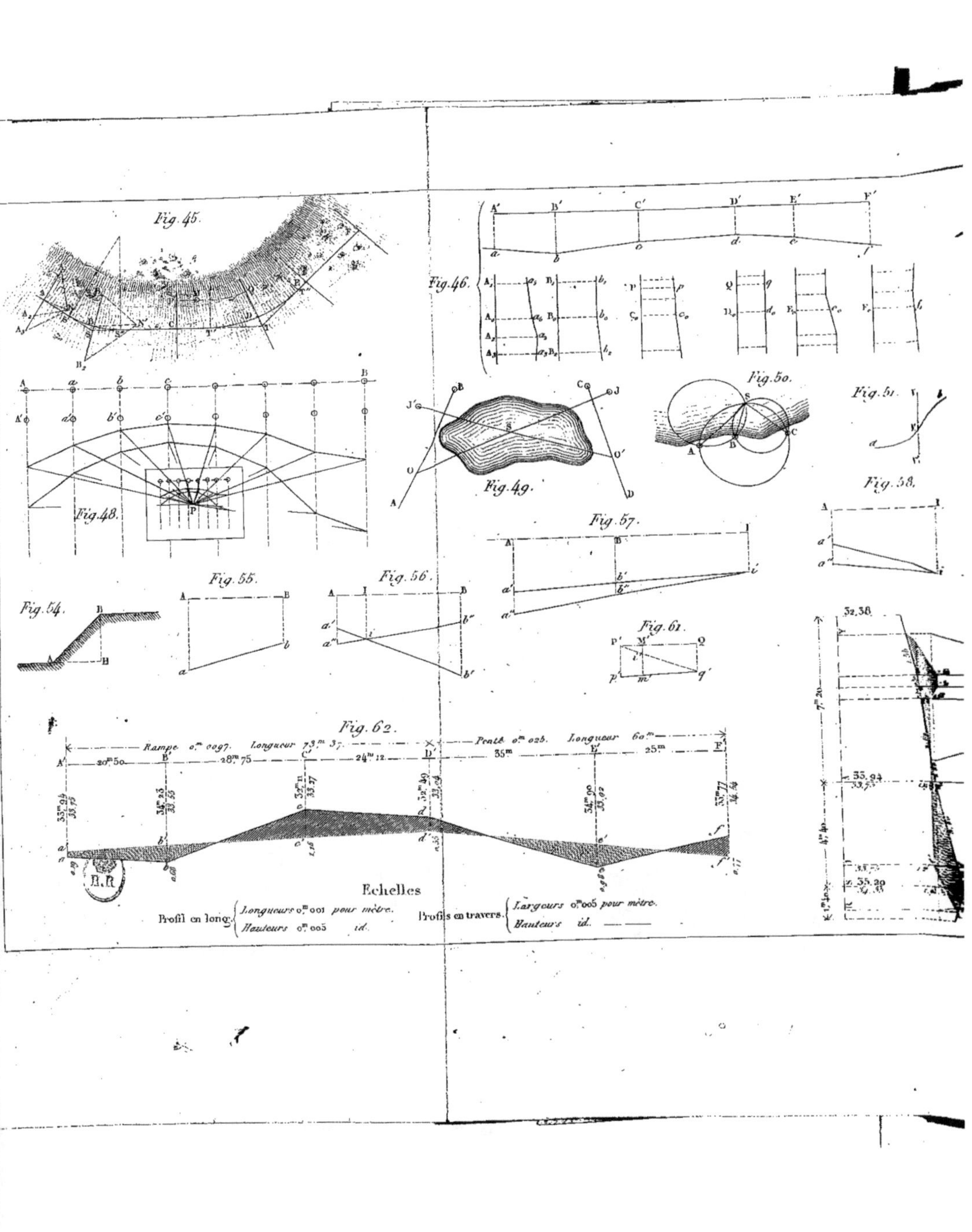

Fig. 45.
Fig. 46.
Fig. 48.
Fig. 49.
Fig. 50.
Fig. 51.
Fig. 53.
Fig. 54.
Fig. 55.
Fig. 56.
Fig. 57.
Fig. 61.
Fig. 62.
Rampe o.ᵐ oo97. Longueur 73ᵐ 37.
Pente o.ᵐ o25. Longueur 6oᵐ.
30ᵐ 50.
28ᵐ 75.
24ᵐ 12.
35ᵐ.
25ᵐ.
Echelles
Profil en long. Longueurs o.ᵐ oo1 pour mètre. Hauteurs o.ᵐ oo5 id.
Profils en travers. Largeurs o.ᵐ oo5 pour mètre. Hauteurs id.

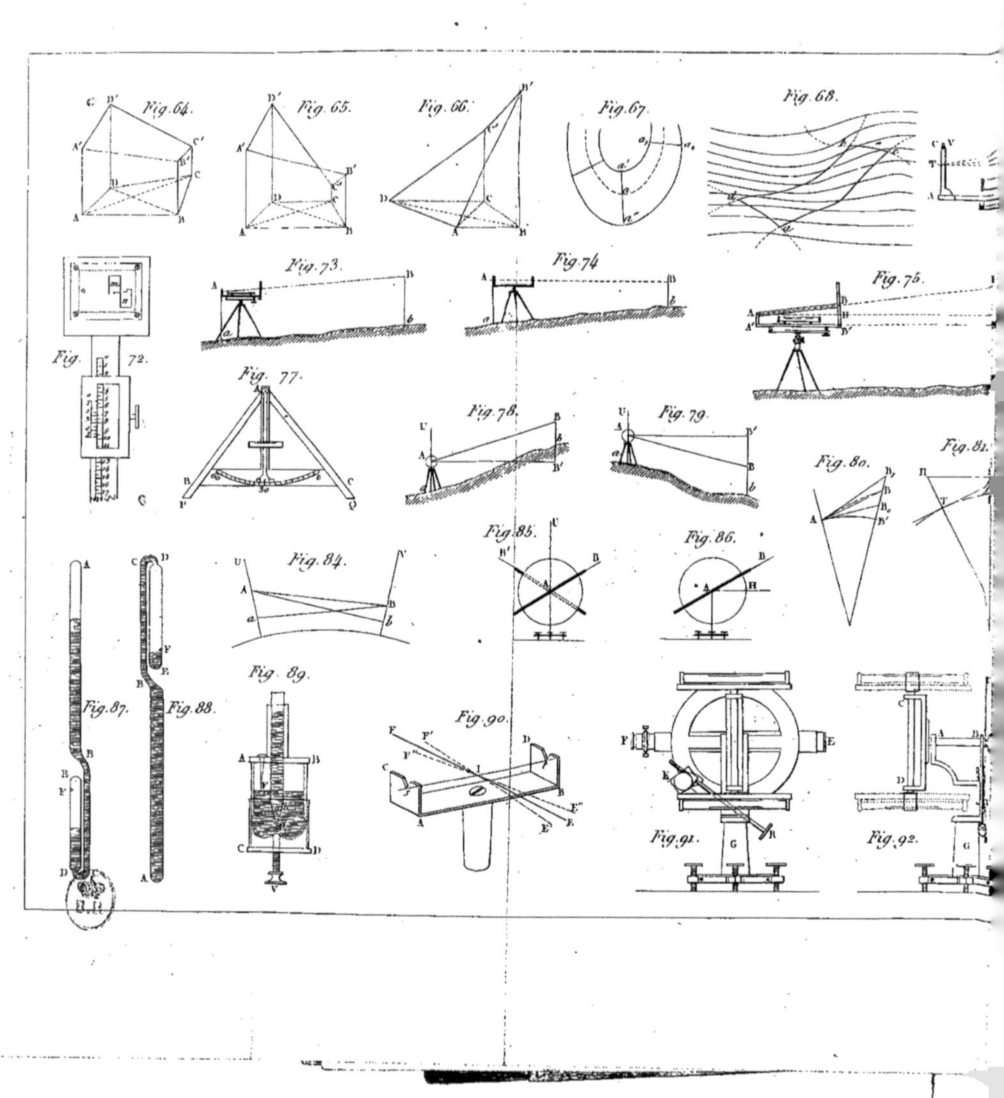
Fig. 64. Fig. 65. Fig. 66. Fig. 67. Fig. 68.
Fig. 72. Fig. 73. Fig. 74. Fig. 75.
Fig. 77. Fig. 78. Fig. 79. Fig. 80. Fig. 81.
Fig. 84. Fig. 85. Fig. 86.
Fig. 87. Fig. 88. Fig. 89. Fig. 90. Fig. 91. Fig. 92.